ASK GREAT

怎样提出一个好问题

江 梅 ——— 编著

QUESTIONS

中国纺织出版社有限公司

内 容 提 要

日常社交中，人们把70%的时间花在完成任务上，真正用来沟通的时间不足30%，造成群体效率低的一大原因就是"沟通不良"，而沟通不良的第一大障碍就是不会提问。提出问题或许十分简单，但是提出好问题却是一门学问，是另外一种形式的交谈。提出好问题能够迅速开启对方的心门，从而拉近双方距离，促成社交成功。

本书详细阐述了提问的概念，通过具体分析来解说各种提问方式，总结出一系列提出好问题的方法和技巧。提出的好问题可以让讨厌的人喜欢上你，还能让自己变得越来越好，实现生活事业双丰收。

图书在版编目（CIP）数据

怎样提出一个好问题 / 江梅编著. --北京：中国纺织出版社有限公司，2024.6
ISBN 978-7-5229-1565-4

Ⅰ. ①怎… Ⅱ. ①江… Ⅲ. ①提问—言语交往—通俗读物 Ⅳ. ①B842.5-49

中国国家版本馆CIP数据核字（2024）第056766号

责任编辑：张祎程　　责任校对：王蕙莹
责任印制：储志伟　　责任设计：晏子茹

中国纺织出版社有限公司出版发行
地址：北京市朝阳区百子湾东里A407号楼　邮政编码：100124
销售电话：010—67004422　传真：010—87155801
http://www.c-textilep.com
中国纺织出版社天猫旗舰店
官方微博 http://weibo.com/2119887771
天津千鹤文化传播有限公司印刷　各地新华书店经销
2024年6月第1版第1次印刷
开本：880×1230　1/32　印张：7.25
字数：130千字　定价：49.80元

凡购本书，如有缺页、倒页、脱页，由本社图书营销中心调换

前言 PREFACE

有人曾经问诺贝尔奖得主伊西多·拉比:"成为一名伟大的科学家的秘诀是什么?"拉比说:"母亲不太关心我的课,但她总是问我今天问了什么好问题。正是'问一个好问题'才使我成为一名科学家。"学会提问是一个人拥有思考能力的表现,能够提出好的问题标志着一个人独立思考的价值。

什么是提问的能力呢?总的来说,提问题的能力就是发现问题并且提出问题的思维能力。爱因斯坦曾这样评价自己:"我没有什么特别的才能,只是喜欢刨根问底而已。"爱因斯坦就是一个喜欢提问题的人,由于对这个世界充满了好奇,充满了疑问,他才尝试各种实验,在实验中不断思考,不断提出问题,最后找到了解决的方法。现实生活中、职场里,我们更要善于提问。提问在这里的意义更多,因为许多分歧意见、低效返工、沟通不畅,都是由缺乏提问、不会提问造成的。

从1990年主持正大综艺开始到现在,杨澜对30年的职业生涯最大的体会是:提问像是一把钥匙,为她打开了这个世界一道又一道的大门,也为她不断创造新的机会。一个提问,就打开了一个人职业的大门，这便是提问的魅力和作用的所在；一个好的问题，能帮助我们在一群人中脱颖而出，在短时间内给人留下深刻的印象。真正智慧的人不一定知道所有的答案，但一定知道如何通过提问不断接近智慧。当一个人通过善于提问去接近智慧的时候，他就与众不同了，与其他人的差距也就慢慢拉开了。可以说，有效提问是人们在现代社会的生存之道。

有时问问题比解决问题更难。毕竟要问一个好的问题，你需要有一个独特的视野和敏锐的洞察力。一个好的问题是促进事物发展的前提。在此前提下，再想出一个好的解决方案，必将取得很大的成绩。提出好问题的人，思维活跃，总是比一般人更愿意动脑筋；提出好问题的人，总是不会畏惧新事物，有更强的抗挫能力。上帝赐予我们一张嘴、两只耳朵，就是希望我们多倾听。善于提问的人，他们更善于倾听别人的话，更善于从中找到问题，提出问题。提出好问题说明这个人一直在思考。思考和疑惑是提出问题的基础，也是一个人打开成功之门的钥匙。除此之外，对每个人来说，向自己提问也是一种很重要的提问方式。通过内心深处的自问自答，实现自知、反思、明悟、平衡成长的目的。

编著者

2023年12月

目录 CONTENTS

第01章 提问技巧,出口不凡问出好答案

提出好问题,才能解决问题 … 002

提出对方感兴趣的问题 … 005

提出问题,不必咄咄逼人 … 009

适时设问,勾起对方的兴趣 … 013

提出的问题在于质量,不在于数量 … 017

第02章 善于提问,打开人生成功的大门

提问能力在社交中很重要 … 024

学会提问,是走向成功的第一步 … 027

善用"苏格拉底式"提问法 … 031

善于提问,有助于人际关系的建立 … 035

通过提问来说服对方 … 039

第03章　提问方法，好的问题让你事半功倍

旁敲侧击提问，能收到意外答案 … 044

问得有层次，对方容易回答 … 048

投石问路，问出精彩 … 052

用一个个提问来占据主动 … 056

微笑对人，让提问更有亲和力 … 060

第04章　提问准备，知己知彼才能问对路

提问有技巧，问题问得好 … 066

用提问来打开交流话题 … 069

提问后认真聆听对方的回答 … 074

细心观察，了解对方的心理 … 078

提问之前做好万全准备 … 082

第05章　提问秘诀，有效提问让对方多说

引导对方谈论自豪的事情 … 088

请教式提问，给予对方尊重 … 090

适时提一些对方喜欢的事情 … 094

妙用设问与反问，提出绝妙问题 … 097

用对反问，表达自己的意见 ⋯ 100

安慰式提问，拉近彼此距离 ⋯ 103

第06章　社交提问，快速让对方产生好感

提出对方想听的问题 ⋯ 108

适时赞美，让提问更顺利 ⋯ 112

以问题引起对方的兴趣 ⋯ 115

以提问化解沟通的尴尬 ⋯ 118

提的问题要顺应对方的情感 ⋯ 123

风趣提问，营造愉快氛围 ⋯ 125

第07章　谈判提问，适当提问赢得更多话语权

以提问消除他人的对立情绪 ⋯ 130

提问得当，谈判才会成功 ⋯ 132

提出利害点，让对方更容易信服 ⋯ 135

晓以利害，顺势说服对方 ⋯ 139

掌握商务谈判的提问技巧 ⋯ 143

第08章　职场提问，会提问的领导更会管理

妙用提问，灵活选择开放或封闭 … 150

提问要具体，下属才乐于回答 … 154

递进式提问，对方容易回答 … 157

委婉提问，对方才愿意回答 … 161

面对不同的下属提出不同的问题 … 165

第09章　营销提问，不仅要会说更要会问

掌握营销提问技巧，业绩才会提升 … 172

善用电话营销提出问题 … 177

好的提问，让你了解客户需求 … 181

掌握营销的六大提问方法 … 186

由表及里提问，问对客户所想 … 192

第10章　课堂提问，有效促进学生思维的启发

掌握课堂提问的八大方法 … 198

有效的课堂提问，激发孩子求知欲望 … 203

注意提问艺术，营造课堂氛围 … 207

避开课堂提问的禁区 … 212

以提问启发学生的思维 ··· 216

参考文献

第01章

提问技巧，出口不凡问出好答案

> 爱因斯坦说："提出一个问题比解决一个问题更重要。"如何才能提出好问题呢？正所谓一张口就出语不凡，好话语自然来自好问题。在日常沟通中，我们需要谨记，对方不是犯人，不要咄咄逼人地问，问一些对方比较有感触的问题，自然可以收获好的答案。

提出好问题，才能解决问题

你是否带有自我服务偏差？在日常交际中，许多不擅长提问或在提问过程中遭到挫折的人，经常会为自己找很多理由和借口，比如，"他根本没办法沟通，我跟他没什么话可谈的""昨晚没休息好，今天根本没心情交流""今天天气很差，以至于我无法提出精彩的问题"等。这种自我逃避，将责任推到别人身上的行为就是典型的自我服务偏差的表现。每个人都有一种防御本能，这在某种程度上会影响我们对于问题的认识，甚至在很多情况下导致我们无法发现问题的关键所在。对问题认识不清导致了我们的模糊提问，这也就是为什么我们提出那么多问题却没有问到点子上，收到的效果不明显。所以，在提问的过程中，我们不仅要善于提问，而且要问对问题。

王珂想给自己买辆车，但手头的钱还差点儿，他希望父亲能够支持自己。于是，他与父亲开始了以下对话：

王珂："爸爸，我想买一部车，但是我手里还差一点儿钱，能借我点儿吗？"

爸爸："你有驾照吗？没驾照是不能开车的。"

王珂："我早就考了驾照了，现在我就是手头差点儿钱，如果你能支持点，我就可以支付车子的首付了。"

爸爸："你为什么要买车呢？"

王珂："我上班很不方便，地铁太拥挤了。"

爸爸："要不我送你上班吧。或者你开我的车，我坐单位的班车。"

王珂："我不想开你那部车，太老式了，又费油。"

爸爸："那部车我刚买不久，还很新呢。"

王珂："不了，我同事有辆车正在卖呢，价格也不贵，我打算买下来。"

爸爸："我的车怎么了，开我的车还嫌丢人了？"

王珂："我就是不想开你的车。"

最后，父子俩吵了起来。这个结果产生的根源在哪里呢？根源就在于王珂没有意识到他提出的问题的关键所在，他应该抓住"借钱"这个关键点开始提问，就能达到自己的目的，比如，他可以提问"爸爸，你能借给我5万吗？"这样跟爸爸讨价还价，兴许爸爸能借给他3万。所以，在提问的过程，我们要善于发现问题的关键所在，然后对症下药，这样才能解决问题。

有一家大型的外资公司，员工们对公司的待遇都感到十分不满意。公司领导得知这一情况，却无动于衷，不愿意去改善员工们的待遇。因为在这位领导的眼里，这些工作人员都是资质平平之辈，能力上更是乏善可陈，并且对公司也没有认同感,在工作上缺少应有的激情,所以自己没有必要为他们浪费太多的金钱。当别人对他提出意见的时候,他就说:"我能收容你们就不错了,就你们这样的工作能力和做事态度,哪一个公司也是不会要的。"

工人们的工作热情就更加低落了,经常出现迟到的现象。为了调动大家的工作激情,秘书准备向老板提议改善员工的待遇。他这样对老板说:"现在公司的大部分员工简直是没有办法来公司上班了。"

老板问:"为什么呀?"

秘书说:"坐出租车吧,价钱太贵坐不起;坐公交车吧,又经常挤不上车;而且每月的交通费也是一笔不小的开支,他们根本没有能力解决这一问题。"

秘书说完就叹了口气,一脸无可奈何地看着老板。老板却说:"那就让他们安步当车吧,一文不费,而且可以借此锻炼身体。这不是一个很好的办法吗?"

秘书摇了摇头说:"不行啊,把鞋袜磨破了,他们买不起新的。不如这样吧,请您发出一个告示,提倡光脚走路,号召大家赤脚走路上班,这个问题不就解决了吗?要怪就怪他们生不逢时,生活在这个年代。谁让他们不去想发财的门路,却当苦命的职员?他们坐不起出租车,也不能鞋袜整齐地到公司上班,都是咎由自取!"

这位秘书边说边笑,老板听了心里总感觉不是滋味,最后终于答应改善下属的待遇。

这位秘书找准了关键点：让领导改善下属的待遇。所以，他并没有直冲冲地去劝说领导改善下属待遇，而是用开玩笑的提问方式含蓄地进行劝说。在劝说的过程中，他没有说老板的一句不是，而是用开玩笑的形式来显示出他们的苦衷。这种语气虽然是开玩笑的，但实质上是在劝说老板不要太苛刻和吝啬，应该照顾一下员工们的生活。这样的方式比较委婉，既没有伤害到老板的面子，又让老板觉察到了自己的过失，从而主动地改善员工们的待遇。

在提问的时候，假如你想将问题问到对方的心里，你最好将提问目标与对方的需求结合起来，这就是提问的关键所在。在实际提问的时候，只要你让对方感受到你所提的问题与他的需求有关，这次提问就会成功。

提出对方感兴趣的问题

当对方在说某一件事情的时候，他不可能一鼓作气地说完，而是中间会有适当停顿或休憩的时间，其实这个空白就是留给倾听者作出回馈的。

马超攻打葭萌关的时候，大有势不可当之势。张飞怒气冲冲地来到刘备面前请战，要求给马超一个下马威。军师诸葛亮的心中早就有让张飞出马的打算，但是却在刘备面前说："马超有万夫不当之勇，汉军之中无人能敌，看来只好派人去荆州请云长来了。"张飞听到之后，十分不满，大叫道："军师也太小瞧人了，当年我曾只身抗拒曹军百万，难道一个小小的马超还能让我无可奈何吗？"

诸葛亮却刺激他说："当阳之战是因为当时曹操不知你的虚实罢了，否则的话，你也不会如此幸运。马超可不同，当年杀得曹操割须弃袍，狼狈逃窜，绝非浪得虚名之辈。哪怕是云长来了，也未必能够战胜他，张将军还是不要在这里逞强了吧？"

张飞发怒了，大声地说："我立下军令状，我如果不能战胜马超，甘当军法处置！"诸葛亮听了，装作勉强同意的样子，让张飞立了军令状，之后才让他领兵去和马超作战。张飞来到阵前，和马超大战了三百回合，虽然没有将他刺于马下，但是却大大地打击了马超的锐气，让他不敢小觑西川，最后投降于刘备。

对待关羽，诸葛亮却采取了与对待张飞相反的办法。马超归降之后，关羽想和他一决高低。为了避免伤和气，诸葛亮修书一封给关羽说："马超虽然英勇无比，但是只能和张飞并驾齐驱，哪里能和你'美髯公'相提并论呢？何况，关将军身负镇守荆州的重任，如果因为和马超比武而离开，荆州的安全就无法得到保障了，所以将军还是不要自降身价去和马超比试了

第01章
提问技巧，出口不凡问出好答案

吧。"关羽看到信之后，心下大喜，也就打消了和马超一决高下的念头。

与人说话是要讲究策略的，根据对方的个性选择相应的方式，喜欢委婉的就要说旁敲侧击的话；性格率直的人，可以说些急切的话；性情孤傲的人，可以说些恭维的话；喜欢学问的人，可以说点高雅的话。当然，在这里，尽管诸葛亮对不同人的说话方式不一样，但所使用的都是适时提问的方式，引起对方的兴趣，最终实现自己的目的。

对于对方的说话内容，我们肯定会有许多疑惑或不解，不妨就以提问的方式作为反馈，比如："后来怎么样了？""当时可真够辛苦的，没想到你还是坚持了下来，是什么力量促使你支撑到现在的呢？"通过提问，对方会觉得原来你在认真听他说话。另外，对方会根据你的提问而作出相应的回答，从而更有了继续说下去的欲望和兴趣。

公司年会上，酒过三巡，王董事长又向别人讲起了自己的创业史。新来的同事小松并没有走开，反而把身子往前挪了挪，神情专注地听王董事长的光荣战绩："想当年，我不过也才这般年纪，不怕吃苦不怕遭人白眼……""您说得对，我们这一代就是缺点不怕吃苦的精神，看来我得向您学习啊！"小松随声附和："听说，您当年那会儿做销售特别难，您是怎么咬牙坚持下来的？"王董事长来了兴趣，回答说："是啊，那会儿的人们哪像在现在这样，有电视广告看，对于上门推销的

007

> ## 怎样提出一个好问题

人也很理解；那时候只要有人看着我提着袋子去敲门，他们都会将门关得紧紧的，我连个问候都来不及说出口，就被别人拒之门外了。那段时间真是艰难啊，产品卖不出去，我就只好东一餐西一顿，每天都是勉强不挨饿……"

小松点点头，问道："就您过去的这段经验真是宝贵，那您觉得对于我们现在这样的年轻人在做销售的过程中应该注意哪些问题呢？"王董事长越说越有激情："你们啊，现在就是缺乏吃苦、学习的精神。千万别小看了你们身边的那些老同事，当时他们都是跟随着我打江山的人，在他们身上有许多值得你们学习的地方，我希望你们能发扬吃苦耐劳的精神，以及谦虚的学习态度……"

在小松的适时提问之下，王董事长越说越起劲，因为他觉得自己所说的话有人愿意听，自己就有了继续说下去的欲望和兴趣。同时，倾听者不时向自己提问表示对方对自己说话的重视和支持，这也可以成为说话者继续说下去的动力之一。

1. 倾听时适时提问

在倾听对方说话时，我们要懂得适时提问。当然，在提问时我们不应该连续提问重复的问题。

2. 诚恳提问

适当的提问表现出你对对方的谈话很感兴趣，也让对方更有兴趣继续讲下去。在倾听对方说话的过程中，我们要善于把握提问的时间。当然，提问只是为了让对方继续说下去，因此，你要以诚恳的态度提问，切忌以盘问、讽刺或者审问的态度提问。比如，"你不是挺厉害吗？这次怎么失败了？"这样的问题有点挑衅的味道，会引起对方心中不快的情绪。

提出问题，不必咄咄逼人

在生活中，许多人总是喋喋不休地追问："你叫什么名字？""为什么叫这个名字？""你家住在哪里？""那个地方好像很远呢？你是怎么来的？""你在做什么工作？""这个工作全靠口才，你是怎么做到的？"他们类似这种喋喋不休的提问简直比唠叨的唐僧还可怕，只把人问得彻底崩溃。这样的人在实际沟通中，凡事总以自己为中心，只希望满足自己内心的欲望，只懂顺着自己的好奇心不断地追问下去，从来不为别人着想。这时我们需要记住，对方并不是犯人，千万不要将提问变成审问。

小王平时是一个习惯什么问题都打破砂锅问到底的人，他对任何人都是一样。平时，同事只要听到他开始询问了，就马上找个借口离开。

有一次，他问公司的老员工李主任："李主任，你当初是怎么顺利通过实习的呢？"李主任回答说："我只是做好自己的分内之事，做好自己应该做的事情。"这时小王又问："那你当时的工作任务困难吗？"李主任笑着说："和你现在做的工作差不多。"

然后，小王开始喋喋不休地发问："你实习期间都学到了什么？""当老板决定重用你的时候，你很高兴吗？""你当时在公司经常参加聚会吗？""正式上班后，你在哪个部门？""你现在这个职位是如何一步步来的？"

原本心情还不错的李主任听了这一连串问题，表示彻底无语了。他完全没有任何兴趣来回答这些问题，只想用简单的"啊""嗯""哦"之类的单字来回应。

一般而言，一个人习惯喋喋不休的审问式提问，往往是由于其太以自我为中心、内心缺乏安全感，或者性格比较强势。在上面这个案例中，李主任之所以会心生不悦，就是因为小王喋喋不休的提问，让李主任有一种被当作犯人一样的感觉。所以，当他情绪不佳的时候，他便没什么心情回答问题了。

孩子做错了事情，生气的妈妈大声训斥："你怎么可以这样做事呢？""你不知道这样做是错误的吗？""知道是错误的，为什么还要这样做呢？""下次遇到同样的事情，你应该怎么做呢？"

结果，妈妈的这种唠叨式的提问会让孩子产生一种恐惧感，他们太害怕以至于不敢多说一句话，或者干脆不说话。事实上，孩子并没有将妈妈的话放在心上，所以这样的教育

第01章
提问技巧，出口不凡问出好答案

根本没起到作用。

在生活中，我们经常听到警察问人："家住哪里？""家里几口人？""在哪里工作？""今天在干什么？""那天你在哪里，跟什么人在一起？"这样的提问方式无论是从连续性还是从语气来说，都更贴近审问。连续不断的问题既没有给人留下思考的空间，还会让人产生压迫感。当然，这种审问式的提问方式主要为警察这一群体使用，用于一种特殊的情境，所针对的是特别的当事人。

在日常交际中，假如我们还使用喋喋不休的追问式提问，对方会不愿意听到你的问话，或者即便对方有足够的时间来回答你的问题，但在面对一连串的审问，他们根本没有回答问题的兴致。有时候，适当地提问一两句反而产生好的效果。

一天，"化妆品女皇"玫琳·凯在海边看到了一位坐着的女孩子，女孩的脸上布满了忧虑和哀愁。热心的玫琳·凯微笑着走上前去，亲切地对她说："您好，我叫玫琳，能跟你说几句话吗？"对于她的热情，女孩子并没有理睬，别过头去，依然是满脸的冷寂落寞。玫琳·凯并没有生气，而是继续温柔地说："虽然你心情非常糟糕，但你依然很美。你有什么伤心痛苦的事情，可以跟我说说吗？"

看到玫琳·凯真挚的表情，小女孩对她有了好感，就向她倾诉起来。玫琳·凯认真地倾听着，用鼓励的眼光示意她说下

011

去，并且不时地点头。最后，那个小女孩说，今天走到海边就是准备自杀，因为那个曾经和她相爱的人在飞黄腾达之后就把她给抛弃了。

玫琳·凯听后，十分同情这个小女孩的遭遇，气愤地指责那个男人的忘恩负义。最后真诚地对她说："你一定要振作起来，为了一个忘恩负义的男人去死实在不值得。你长得这么漂亮，连我都要喜欢上了，更何况是男人呢？我相信，你一定能够找到一个值得你依靠的男人。"

女孩终于想开了，感激地对她说："我感觉今天才算真正地发现了自己，从来没有人跟我说过这么多话，在你的开导下，我才发现，活下去是多么美好。"

在痛苦、磨难、疾病、挫折面前而悲观、失望、伤感的人，他们的情绪都是受到感情支配的，这时候假如我们用真诚的问候，对他进行劝慰，对方就会减少一些敏感和抵触心理，自然会听从我们的劝导。但是，假如在对方情绪不佳的时候，我们还是以审问的方式进行提问，反而会引起对方的反感。

1. 不要采取审问方式

在日常沟通中，我们的追问式提问一旦让对方感觉自己好像一个犯人，处于被审问的位置，那就会使对方有一种被胁迫的感觉，从而让对方产生防卫心理和行为，甚至会招致对方的反感。对于说话者而言，这样的提问方式往往是欠妥的。

2. 提问亲切一些

在实际提问中，假如我们能够耐心一点，提出"听说你和他闹别扭了？""关系一向不是蛮好的吗，发生什么事情了？"等问题，对方就会有倾诉的欲望，我们也会及时了解对方的想法，然后进行很好的劝慰。

3. 少说多听

在提问过程中，我们需要尽量避免喋喋不休的提问方式，学会克制自己，善于引导，让对方多说一些，自己多听一些；然后在这个基础上，有意识地将对方的思路和话题引导到自己想提问的方向，最终实现自己的目的。

适时设问，勾起对方的兴趣

在日常交际中，有时候我们自己提问了，并非需要对方来回答，这时候所采用的方式就是"自问自答"。或许，有人觉得在沟通中应该不会用到"自问自答"的设问。实际上，这也是一种有效的提问方式。自问自答往往可以成功地引起对方的注意。在某些特定的环境下，为了引起对方的注意，我们可以以自问自答的形式故意先提出问题，然后自己回答问题，这不仅可以引起对方的注意，而且还能够启发对方进行有效思考。

> 怎样提出一个好问题

康熙末年,太子失宠。储君之位岌岌可危。许多有实力的阿哥们看在眼里,喜在心里,个个都摩拳擦掌,为了争夺太子之位,无所不用其极。他们为了将对手打败,就开始了在各个方面的较量和斗争,争相在康熙面前表现自己的优秀和能干,渴望得到老皇帝的垂青。

康熙四十八年秋天,皇帝前去热河狩猎,由诸皇子皇孙陪同前往。康熙决定将一柄玉如意作为奖品,奖励狩猎表现中最出色者。因为这个如意是当年顺治赐给康熙的,一直是乾清宫里的镇殿之宝。因此,几个有野心的阿哥都把这当成太子的象征来看待,觉得狩猎获得第一就能得到储君的位置。因此,他们在打猎的时候都使出了浑身解数,都想成为最优秀的那个人。

狩猎的结果很快就出来了。那些勇猛善战的皇子们都射杀了数量不等的猎物,其中十四阿哥和十三阿哥并列第一。而八阿哥胤禩却没有射杀一个猎物,只是捕获了11只活的。康熙问其原因,八阿哥侃侃而谈:"上天有好生之德,儿臣不愿意为了一个如意而杀生,一伤了父皇的仁慈之名……"那些素来和胤禩走得比较近的王公贵族纷纷向皇帝称赞八贤王的仁慈,建议把这柄如意赏给老八。

在大臣们的吵嚷声中,年仅6岁的弘历却大声地说:"诸位说的这话不对!你们说不忍杀生是慈悲心怀,那么皇爷爷一生射杀了那么多野兽,难道就没有慈悲心怀了吗?……皇爷爷一生射杀了135只老虎、132头野猪、96只狼、25只豹、20头熊、10只猞猁狲,还曾经一天之间射死了310头猪,其余动物不计其数……天生万物本来就是供人取用的,我大清的祖先们以射猎为生,就像中原的汉人以耕田为生一样,都是上天交给我们的谋生之道……那是皇爷爷不忘本,皇爷爷如果没有射杀这么多野兽的本领,就不能平三藩、收台湾、平定蒙古叛乱,创建我大清万世的基业!皇爷爷是我大清的第一巴图鲁!"康熙听到之后,觉得这个皇孙说的话很有道理,顿时龙颜大悦,高兴地对众大臣们说:"我这一辈子封过不少人做巴图鲁,没想到,我的巴图鲁称号却是我的孙子给的,还是第一巴图鲁。"康熙在欣喜之下就把这柄如意赐给了弘历。

弘历通过自问自答,吸引了对方的注意力,受到康熙的宠爱。康熙有二十四个儿子,一百多个皇孙,唯独对弘历格外看重,这和弘历能说话和会说话有着很大的关系。后来,康熙把帝位传给了弘历的父亲胤禛,究其原因,和这位能说会道的皇孙也有着很大的联系。

当然,我们在自问自答的时候也需要注意自己的言辞是否符合语境。简单地说,你是否可以很好地提出问题和回答问题,你如果没有掌握足够的知识,胡乱自问自答,那只会贻笑大方。古人说"腹有诗书气自华",也正是这个道理。没有知识修养的人,无论有着多么高的社会地位,在讲话之中都会留下笑柄。

? 怎样提出一个好问题

民国时期的韩复榘出身旧军阀，是一个目不识丁的草莽之徒，在担任山东省政府主席期间，留下了许多笑话。有一次，齐鲁大学邀请他参加校庆典礼。他在主席台上发表的一番讲话让全校师生狂笑不已。

他这样说道："诸位、各位、在齐位，今天是什么天气？今天是演讲的天气。开会的人来齐了没有？没来的请举手！很好，都到齐了。你们来得很茂盛，敝人也实在感冒。今天兄弟召集大家来训一训，兄弟有说得不对的地方，大家应互相谅解，因此兄弟和大家比不了。你们是文化人……你们这些乌合之众是科学科的、化学化的，都懂七八国的英文。兄弟我是个大老粗，连中国的英文也不懂。你们是从笔筒子里爬出来的，兄弟我是从炮筒子里钻出来的。今天到这里来讲话，真使我蓬荜生辉，感恩戴德。其实，我没有资格给你们讲话，讲起来嘛，就像……就像……对了，就像对牛弹琴……"

台下的学生们听了都差点笑得岔过气去，接着韩主席又唾沫星子乱飞地说："今天不准备多讲，先讲三个纲目。蒋委员长的新生活运动，兄弟我双手赞成，就是一条，'行人靠右走'着实不妥，实在太糊涂了。大家想想，行人都靠右走，那左边留给谁呢？还有件事，兄弟我想不通，外国人都在北平东交民巷建了大使馆，就缺我们中国的。我们中国为什么不在那儿也建个大使馆？说来说去，中国人真是太软弱了！因此，我就向蒋委员长那个建议建一座中国的大使馆出来。"

……

等到韩复榘讲话完毕，前呼后拥退出主席台后，全校学生终于忍不住开怀大笑起来，肆意地嘲笑这个不学无术的家伙。

在整个演讲过程中，韩复榘用了自问自答的形式，但因问题不够好，回答更是出洋相，所以效果恰恰相反。他本来想通过这场讲话塑造一个亲民的形象，也想向学生表现一下自己的学识和思想，最终却因为胸无点墨而闹出了大笑话。

在众多提问方式中，自问自答是必不可少的一种提问方式。自问自答不仅强烈地表达了自己的思想与观念，引起对方的注意和思考，而且引出自己想要说的话，起到了承上启下的作用。在实际提问的时候，我们可以将此方法灵活运用来达成自己的目的。

提出的问题在于质量，不在于数量

在生活中，有的人自诩很会提问。他们通常会问这些问题："你目前最满意的作品是哪一部呢？""你目前的作品都偏向文艺，你觉得自己可以尝试一下喜剧吗？""目前你还是单身吗？""那么，你对爱情有什么打算呢？""目前有没有比较欣赏的异性？""除了工作，你还有什么爱好呢？"问题是不少，但其中有的问题会得到答案，有的提问却得不到对方的应答,或者说对方根本不理会。为什么会造成这样的情况呢?假如你用废话提问,那问得再多,得到的也是废话。正所谓,问得多不如问得巧,假如你问到了点子上,那三两个问题就解决了所有问题。

唐朝宰相杜佑巡游江南的时候,拒绝接见任何人。但是有一位叫张祜的书生却偏不信邪,一心想结识他。张祜写了一个署名叫作"钓鳌客"的名帖让人送给杜佑。杜佑看到之后,觉得很奇怪,就破例召见了他。

杜佑问张祜道:"你自称'钓鳌客',那么请你告诉我,你用什么东西做钓竿呢?"张祜回答说:"用长虹!"杜佑又问:"那么吊钩又是什么呢?"张祜说:"用新月!"杜佑再问:"用什么做钓饵呢?"张祜向他深深地作了一个长揖,说道:"用我做钓饵,当然就能钓到鳌鱼了!"杜佑听后抚掌大笑,对这个年轻后生刮目相看,于是就高兴地命手下人设宴款待他。

一个青衣秀才和一人之下万人之上的宰相的差距何止是十万八千里,别说是结交,哪怕是能够看上当朝宰相一眼也是三生有幸。张祜却用短短的几句话让杜佑迅速地认同了他,并和他成了忘年交。与此同时,杜佑在提问时仅仅用了三个问题就判断出对方是可造之材,这说明问对了会非常省力。

秦穆公有一匹千里马丢失了,被山上的野人逮住杀掉美餐了一顿。秦穆公带人寻找马匹的时候,正好看见他们大吃大嚼。随行的将领感到很气愤，就把他们抓了起来，要杀掉他们。秦穆公却阻止了他们的冲动行为，走上前去，解下了野人身上的绳索，拍了拍他们的肩膀说："我听说吃马肉如果不来点酒的话，就有些暴殄天物的意思了。这样吧，每个人赐给一坛酒，让他们吃饱喝足吧。至于惩罚就免了，我怎么能为了一匹马而伤害人的性命呢？"

几年之后，秦晋国之间展开了一场战争。在战斗中秦军处于不利地位，秦穆公被晋军将领一枪刺落马下，正在这紧急关头，斜刺里杀出一支几百人的野人队伍，将没有防备的晋军打得落花流水，不但救了秦穆公的性命，还将晋惠公俘虏，秦军大获全胜。

秦穆公回朝之后，要对这些野人进行赏赐，但被他们拒绝了。原来，他们就是当年那些吃马肉的人。当时秦穆公的一句话让他们感动不已，这次出手相救，只是为了报答当初秦穆公的恩德。

好口才是一种力量，更是一种资产。一个拥有好口才的人擅长提问，仅仅通过一个问句就能彰显自己的个人魅力。"我听说吃马肉如果不来点酒的话，就有些暴殄天物的意思了，这样吧，每个人赐给一坛酒，让他们吃饱喝足吧。至于惩罚就免了，我怎么能为了一匹马而伤害人的性命呢？"好的提问能够帮助一个人在人群之中更好地凸显自己的个性，在无形之中对别人产生深刻的影响，让一大批志同道合的人围聚在他的周围，心甘情愿地为他前驱，共同创造美好的事业。

公元198年，曹操率兵攻下徐州，俘虏了号称有"万夫不当之勇"的吕布。吕布为了求生，表示愿意作为曹操的将领，为他东征西战。曹操对这位武艺高强的将领也有些看重，觉得留下他对自己十分有用，心下也有意饶他不死。因此，他征求刘备的意见，问是否可以留下吕布。刘备对吕布素来十分忌惮，生怕吕布成为曹操的手下对自己以后争霸天下造成不利的影响，自然要劝曹操处死吕布。按照一般人的思维，刘备应该发表一番长篇大论，历数吕布的斑斑劣迹，表明杀他是顺天行事，替天行道。

但是刘备只说了一句话："难道您没有看到丁原和董卓的下场吗？"曹操听后，顿时醒悟，知道把吕布这个反复无常的家伙留在身边终究是个祸害，因此就十分爽快地听从了刘备的意见把吕布杀了。

假如刘备站在道德的角度，费尽口舌声讨吕布的不仁不义不忠不孝，或许能够过一把嘴瘾，但却未必能够达到预期效果。"难道您没有看到丁原和董卓的下场吗？"刘备仅仅用这个问句就达到了自己想要的结果，正可谓"说得多不如问得巧"。

我们如何能做到像刘备这样高质量地提问呢？

以下两个技巧可多加练习。

1. 了解对方

在实际交际中，我们面对不同的人要选择不同的提问方式,比如,对方性格直爽,那提问就应该豪爽点;对方比较内向,那提问需要注意言辞。假如所面对的是专业人士,那就要使用专业词汇,否则就落了个在行家面前"班门弄斧"的笑话。对于内向者,可以问"这个产品性能怎么样呢?"对外向者提问"这个产品性能还不错,是吧?"

2. 摒弃废话式提问

在提问的时候,假如言辞单调、词汇匮乏,那很容易让问题成为一个废话式问题。假如我们不确定自己的提问是否是废话式问题,那不妨将自己当作提问对象,问自己这个问题,然后站在对方的角度来回答这个问题。一旦发现这个问题是废话式问题,我们就坚决摒弃它。因为假如你用这样的问题提问,你所得到的答案也将是废话。

第02章

善于提问，打开人生成功的大门

> 爱因斯坦说："提出一个问题往往比解决一个问题更重要。"孔子入太庙，"每事问"，受到别人的讥笑说："谁说他懂礼，每件事都要问。"孔子回答说："这正是礼呀！"有道是"答得好不如问得好"，有效的提问可以增加沟通的含金量。提问既可以让我们从对方回答的内容获得或印证信息，又可以从对方回答的方式、态度、情绪等方面获得或印证信息。

> 怎样提出一个好问题

提问能力在社交中很重要

在沟通过程中，想要有效地推进交流的顺利进行必须经过提问和回答这一环节。沟通是两个人的互动，也就是彼此交换想法和意见的活动，共同体验谈话带来的愉悦感的过程。那么，如何恰到好处地提问？如何巧妙而又灵活地回答对方的问题？这是大多数人都关心的问题。一旦提问不当、回答出错，就有可能导致整个谈话的失败。不过，面对这样的难题，我们应该首先问自己：你善于提问吗？

有一天，王太太离开家门，拎着篮子去楼下的菜市场买水果。她先来到第一个小贩的水果摊前问道："这李子怎么样？好吃吗？"小贩回答说："我的李子又大又甜，特别好吃。"听了小贩的话，王太太摇摇头，离开了。

王太太又向另外一个小贩走去，问道："你的李子甜吗？好吃吗？"小贩热情地招呼："我这里是李子专卖，各种各样的李子都有，您要什么样的李子？"王太太回答："我想买酸一点儿的。"小贩眉开眼笑地说："那您可算来对地方了，我这篮子的李子酸得咬一口就流口水，你打算买多少呢？"王太太回答说："来一斤吧！"愉快地成交之后，王太太离开李子摊,继续在菜市场里逛。

不一会儿,王太太又看到一个小贩的摊子上也有李子,而且又大又圆十分抢眼。于是,王太太便问摊主:"你这李子多少钱一斤?"小贩礼貌地提问:"您好,您问哪种李子?"王太太回答说:"我要酸一点儿的。"小贩不解地问:"别人挑李子都是选择又大又甜的,为什么您要挑酸的李子呢?"王太太回答说:"我儿媳要生孩子了,想吃酸的。"小贩马上夸道:"老太太,您对儿媳妇真是关心。她想吃酸的,说明她一定能给您生个大胖孙子。你打算买多少呢?"王太太被小贩说得眉开眼笑,便说道:"给我再来一斤吧。"小贩一边称李子一边继续问:"您老知道孕妇最需要什么营养吗?"王太太老实回答:"不知道。"小贩回答说:"其实,孕妇特别需要补充维生素,您知道哪种水果含维生素最多吗?"王太太回答说:"不清楚。"小贩热心介绍:"猕猴桃含有多种维生素,特别适合孕妇。您老给儿媳妇天天吃猕猴桃,她一高兴了,说不定能给您生一对双胞胎。"王太太一听乐了,回答说:"是吗?好啊,我就再来一斤猕猴桃。"小贩开始给王太太称猕猴桃,嘴里又开始说:"您人真好,哪个媳妇摊上您这样好的婆婆,一定是上辈子修来的福气。我每天都在这摆摊,水果都是当天从批发市场新鲜批发来的,您儿媳妇要是觉得好吃,下次您再来,我给您留最新鲜的水果。"王太太被小贩说得非常高兴,拿了水果边付账边答应:"行嘞。"

普列汉诺夫说:"有教养的头脑的第一个标志就是善于提问。"在上面这个案例中,为什么三个小贩的销售效果不一样呢?可以说,提问在这个销售过程中成了最尖锐的利器。提问,可以帮助你了解更多对方的信息,而且当你所掌握的情况远比对方知道你的情况还要多的时候,你自然就把握住了先机。在沟通中,怎样才能让别人说得更多呢?秘诀就是提问。然而,善于提问并非如想象中那么简单,许多人在不知不觉间竟然问出令人瞠目结舌的问题来,这样不仅使当事人难堪,而且也令自己贻笑大方。

某主持人在主持奥运节目时,也曾提出很多让人吃惊的问题。比如,他问冠军的父亲:"平时他喜欢吃什么?"冠军父亲回答说:"青菜。"主持人继续问:"他不爱吃肉吗?"老实巴交的父亲回答:"家里穷,吃不起。"主持人又问:"那他最喜欢吃什么?"父亲回答说:"红烧肉。"主持人问:"为什么?"

听了这样的提问,你会有什么感觉呢?是不是想马上喝止他?假如说上面的案例还可以当作一个笑话,那有时候不恰当的提问简直令当事人无法接受。例如,谭宗亮在获得奥运会铜牌之后,采访他的记者第一句话竟然是:你奋斗了二十多年,参加了四届奥运会,而只获得一枚铜牌,你觉得你有愧对祖国吗?这样的提问该是多么失败,你不仅无法从当事人那里获知有价值的信息,反而会令人生厌。

那么，如何做到善于提问呢？

1. 让对方有话可说

一位电视记者采访一位美籍华裔运动员，由于其母亲是上海人。所以，这位记者连续发问："你母亲是上海人吗？""你这次要去上海吧？""准备在上海会见你的亲戚吗？"若是这些提问，运动员只能一次次重复地回答"是"。我们可以设计一个更好的提问让他介绍自己受亲戚接待的情况并说说上海之行的感受。

2. 旁敲侧击

通过提问借以观察对方的反应和态度，从中窥探出自己想知道的信息。即便在某些情境中，对方不回答本身也就是最好的回答。

学会提问，是走向成功的第一步

如何才能做到善于提问呢？其妙处在于提问的语言表达方式。很多时候，一些人所提的问题太笼统或者所提的问题没有实质性的意义，究其原因都是其没有使用恰当的表达方式，没有抓住问题的关键。

在日常沟通中，问与答是最常见的方式。在大多数人的思维里，做出良好的回答方能实现有效的沟通，然而他们都忽略了在沟通中善于提问才是最主要的。毕竟，善于提问可以令自己处于沟通的主导地位，从而更利于整个沟通朝自己所设想的方向靠近。而且，善于提问往往能够敲开成功的大门。

李四光小时候常常一个人靠着家乡那些来历不明的石头遐想，并提出一系列问题，比如，"为什么这里会出现这些孤零零的巨石？""它们是借助什么力量到这儿来的？"等。长大后的李四光如愿考入了地质系，并在毕业后留教于北大地质系主讲岩石学和高等岩石学两门课程。在教学的同时，他对自己的研究工作也丝毫不放松。在研究过程中，他从来不为已有的观点和学说所束缚，而是按照自然规律去寻找那些尚未被人们认识和掌握的真理。

19世纪，不断有德国、美国、法国等国的地质学家来到中国勘探矿产，考察地质。然而，他们并没有在中国发现过冰川现象，于是，"中国不存在第四纪冰川"成了地质学界的一个定论。李四光重新回忆起"为什么这里会出现孤零零的巨石？""它们是借助什么力量到这儿来的？"等问题，他开始致力于这方面的研究。在研究期间，他在太行山东麓发现了一块很像冰川条痕石的石头。经过继续研究，他越来越坚信一个判断，那就是中国存在着第四纪冰川。不过，他的这一观点遭到了国外学者的否定。

为了解决儿时困扰自己的问题，同时也为了证实自己的观点，他继续寻找着更多的冰川遗迹，在长达10年的研究中，他得出了"庐山有大量冰川遗迹"的结论。李四光这一学术观点的发表引起了1934年著名的"庐山辩论"。1936年,李四光回到黄山考察,并写了《安徽黄山之第四纪冰川现象》的论文,这引起了一些中外学者的注意。他经过了40多年的努力终于解释了童年时期提出的问题,使自己的学术观点第一次得到了国外科学家的公开承认。

通过提问,李四光揭开了地质学的奥秘。对此,他说:"不怀疑不能见真理,所以我希望大家都采取怀疑态度,不要为已成的学说压倒。"

维特根斯坦是大哲学家穆尔的学生。有一天,罗素问穆尔:"谁是你最好的学生?"穆尔毫不犹豫地说:"维特根斯坦。""为什么?""因为,在我的所有学生中,只有他一个人在听我的课时,老是露着迷茫的神色,老是有一大堆问题。"罗素也是个大哲学家,后来维特根斯坦的名气超过了他,有人问:"罗素为什么落伍了?"维特根斯坦说:"因为他没有问题了。"

由此可见,善于提问会让一个人开发自己的大脑,提高自己的智商,继而不断地进步。当我们不断地询问"为什么"的时候,那些未知的知识就会接踵而来。甚至毫不夸张地说,善于提问可以敲开机遇大门、成功之门。

如何培养自己善于提问的习惯呢?

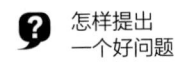

1. 有问题就要大胆提出来

我们所处的世界存在着许许多多让我们难以理解的事物。也许，我们所思索的许多问题都只停留在知识的表面，甚至有些问题是相当幼稚的，但是，我们千万不要认为这些问题是"没有必要被提出的"，甚至惧怕提出这样的问题会受到别人的嘲笑，而应保持提问的热情，只要有问题就应该大胆提出来。

2. 要有怀疑的精神

也许，别人会告诉你"这就是真理""这是唯一正确的标准答案"。然而，无论是面对任何真理，还是所谓的正确答案，我们都应该有一种怀疑的精神，正如李四光所说"不怀疑不见真理"，只有经得起检验的理论才是真正的真理，而怀疑不过是检验中的一个步骤而已。我们有疑问就要提出问题，尤其是提出一些自己尝试解决而不能解决的问题，真正培养自己科学的态度和探索的精神。

3. 积极思考

培养自己提问的能力是一个循序渐进、逐步提高的过程。刚开始的时候，我们应该积极思考，通过提问激发大家讨论的欲望。在学习或工作中，常常会遇到一些不懂、难懂的地方，这就是所谓的疑问，也是我们感知过程的障碍。我们要想获得知识就必须跨过这些障碍、解决这些疑问。因此，发现问题、提出问题是我们必然要经历的过程。善于提问不仅可以开发自己的大脑，有效地提高智商，还能够在解决问题的过程中获得一系列知识。

善用"苏格拉底式"提问法

苏格拉底，著名的古希腊思想家、哲学家、教育家，他和他的学生柏拉图，以及柏拉图的学生亚里士多德并称为"古希腊三贤"，更被后人广泛认为是西方哲学的奠基者。苏格拉底创立的问答法被世界公认为"最聪明的劝诱法"。具体方法是：最初提出一系列的问题让对方连连说"是"，同时尽力避免让对方说"不"。因为一开始让对方作出肯定的回答，会使整个心理趋向于肯定的一面。这时对方的各方面都呈放松状态，情绪轻松，可以保持谈话间的和谐气氛。当取得彼此完全一致的条件之后，提问方则可以自然地转向自己的主张。

有一天，苏格拉底为了教育一位狂妄自负的青年尤苏戴莫斯和他进行了一次机智的谈话。当他知道尤苏戴莫斯雄心勃勃，想去竞选城邦的领袖时，他说："虚伪应当归于哪一行？"尤苏戴莫斯回答说："显然应该放在非正义一行。"苏格拉底继续问："偷盗、欺骗、奴役等应归于哪一行？"尤苏戴莫斯回答说："应归于非正义一行。"这时苏格拉底问道："一个希望当领袖的人必须有治国齐家的本领，但是，一个非正义的人能掌握这种才能吗？"

"当然不能。一个非正义的人甚至连做一个良好的公民都不够格。"尤苏戴莫斯坚定地回答。

"那么，你知道什么叫正义的行为，什么叫非正义的行为吗？"苏格拉底继续问并拿出羊皮纸，把"正义"和"非正义"分开写在羊皮纸的两边，要尤苏戴莫斯一一列举。于是，尤苏戴莫斯把虚伪、欺骗、奴役、偷窃、抢劫都放在"非正义"的一边。对此，苏格拉底运用相反的具体事例，把这些看起来是"非正义"的行为一一予以反驳。

他问道："作战时，战士潜入敌方军营，偷窃其作战图是非正义行为吗？为防止绝望中的朋友自杀，把他藏在枕头底下的刀偷走，难道不应该吗？生病时儿子不肯吃药，父亲就骗他，把药放在饭里给他吃，使儿子很快恢复了健康，这种欺骗行为又应该放在哪一边呢？"

这一连串的问题使尤苏戴莫斯如坠云里雾中。苏格拉底在破除了对方的成见后，就正面进行诱导，并使尤苏戴莫斯接受了自己的观点。

在苏格拉底这个经典的对话中，他开始所问的问题都是对方所赞同的。在苏格拉底机智而巧妙的发问中，他获得无数"是"的反应，使对方在不知不觉中被诱导到自己所希望得到的结论中，这就是著名的"苏格拉底问答法"的妙用。

在日常沟通中，当我们与人就某个问题作讨论的时候，我们需要将某些选择性的东西摆明，而不要给对方太多的选择。你若给出的选择太多，那对方给出的答案就很容易脱离你掌控的范围，那你无从回应了。当然，这是基于人们的一个微妙心理。我们都知道，当我们在问对方"是不是？"这个问题的时候，对方的回答一定只有两个，要么"是"，要么"不是"，除此之外，别无其他的选择。但如果我们表示"你觉得怎么样"，那这样的答案就太宽泛了，我们根本无法估计对方给出的答案是什么。

一位客户要求开户，当出纳员让他填写一些家庭信息材料时，他只写出了一部分，而对另一些却讳莫如深。按照银行的规定，信息不全是不能开户的。

我们来看看这位出纳员是如何说服客户的。

银行出纳员开始这样问："你想一想，你把钱存到银行，在你去世之前，你希望银行把你的存款转移到有权继承你财产的亲属账户里吗？"客户回答说："当然，是的，我会这样做。"

出纳员继续说："然而，如果我们银行没有你亲属的材料信息的话，一旦你去世，那些财产是不是就无法按照你的意愿转到你亲属的账户了？"客户点点头："是的，会出现这种结果的。"

出纳员慢慢引导："难道你现在不认为将你最亲近的亲属材料给我们银行就更能永久地保护你的财产吗？"客户认可了："是的，我也这样认为。"

这时已经不需要那位出纳员继续问下去了，客户已经笑着主动将自己亲属的信息告诉了出纳员。

所谓的有效问答术，简单地说，就是开始让对方说"是"，而应尽量避免对方说"不"。这样的交谈不会引起争吵，甚至会让你们成为良好的伙伴。因此，我们在与人沟通的时候，千万不要一开始就为那些意见分歧很大的事情争得面红耳赤，这样做得不到任何结果。不妨从双方都同意的地方开始提问，这才是最好的办法。

1. 摆明道路

在正式沟通中，我们要善于摆明道路，一条或两条，给出明确的指向，不要给对方太多的选择。想必，我们都做过选择题，下面只有几个答案，不是选这个就是选那个，除此之外，我们别无选择。在沟通中也是一样，如果我们将选择权交给对方，那其心理的变化也是我们不容易捕捉到的。

2. 适时提问

苏格拉底往往可以在合适的时间提出问题，使对方不感到突然而非常自然且容易地接受。或者，在对话过程中，苏格拉底可以根据对话者产生的困惑，在合适的时候提出具有针对性的问题，使对方跟着自己的话题走下去。

3. 准确设问

苏格拉底对自己沟通的对象，沟通的内容，都没有明确的出发点和目的性，但他有自己所需要达到的目标和最后结果。

4. 具有层次的提问

苏格拉底在表明自己的观点和思想，并使对方接受它的时候，非常注重内容的层层递进，一步一步由表及里、由浅入深，循序渐进地启发对方，逐步接触问题核心并得到最后答案。

5. 向对方提出一些易于掌控的话题

在沟通过程中，当我们需要向对方提出一些问题的时候，我们应选择一些自身易于掌控的话题，对方的回答也在我们意料之中，这样我们才能根据对方的回答进行下一步的沟通策划。

善于提问，有助于人际关系的建立

许多拜访过罗斯福的人都会对其广博的知识感到惊奇。在他身上有个格外突出的特点，那就是喜欢提问，而且和谁都有共同话题。不管是纽约政客，还是外交家，罗斯福都能有效提问，知道与他谈论些什么。有人问罗斯福是如何做到这一点的，他回答："我每接见一位来访者，都会在这之前的一个晚上阅读有关这位客人所特别感兴趣的东西，以便找到合适的话题。"

提问，往往是有效沟通的开始，同时也是建立和谐人际关系的开始。因为提问越多，我们所获得的对方信息就越多，就越能找到与对方的"共同话题",就越能走进对方的心里。每个人都有自己的兴趣,都对和自己有共同兴趣的人有着特殊的好感。当我们通过提问获知对方的喜好时,不妨适时表现出对对方的喜好的兴趣来,当对方听到你对他的兴趣和爱好也这么感兴趣,并且如此了解的时候,他就会产生"同好"心理而倍感亲切。

美国著名的柯达公司创始人伊斯曼,捐赠巨款在罗彻斯特建造一座音乐堂、一座纪念馆和一座戏院。为承接这批建筑物内的座椅,许多制造商展开了激烈的竞争。但是,找伊斯曼谈生意的商人无不乘兴而来,败兴而归,一无所获。"优美座位公司"的经理亚当森也在竞争者之列,希望能够得到这笔价值9万美元的生意。秘书却事先申明:"我知道您急于得到这批订货,但我现在可以告诉您,如果您占用了伊斯曼先生5分钟以上的时间,您就完了。他是一个很严厉的大忙人,所以您进去后要快快地讲。"亚当森微笑着点头称是。

亚当森走进办公室,看见伊斯曼正埋头工作,于是静静地站在那里仔细地打量起这间办公室来。一会儿,伊斯曼抬起头来,问道:"先生有何见教?"刚开始亚当森没有谈生意,而是说:"伊斯曼先生,刚才我仔细地观察了您这间办公室。我本人长期从事室内的木工装修,但从来没见过装修得如此精致的办公室,请问这间办公室是你自己设计的吗?"伊斯曼先生听了有些开心,说道:"哎呀!您提醒了我差不多忘记了的

第02章
善于提问，打开人生成功的大门

事情。这间办公室是我亲自设计的，当初刚建好的时候，我喜欢极了。但是后来一忙，一连几个星期我都没有机会仔细欣赏一下这个房间。"亚当森走到墙边，用手在木板上一擦，说："我想这是英国橡木，是不是？意大利的橡木质地不是这样的。""是的。"伊斯曼高兴地站起身来回答，"那是从英国进口的橡木，是我的一位专门研究室内橡木的朋友专程去英国为我订的货。"伊斯曼心情极好，便带着亚当森仔细地参观起了办公室，一边参观一边作详细的介绍。此时，亚当森微笑着聆听，他看到伊斯曼谈兴正浓，便好奇地询问起他的经历。伊斯曼便向他讲述了自己苦难的青少年时代的生活……亚当森由衷地赞扬他在逆境中的勇敢。结果，亚当森和伊斯曼谈了一个小时又一个小时，一直谈到中午。

虽然直到告别的时候，亚当森都没有谈到生意的话题，但最后他不但得到了这批订单，而且和伊斯曼成了好朋友。如果他刚开始就大谈生意，不仅他自己即将面临被拒绝的尴尬，而且也会使对方产生尴尬心理。亚当森成功的诀窍就在于他善于通过提问挖掘两人共同的话题，从伊斯曼的办公室入手，巧妙赞美了对方的成就，这样就使伊斯曼的自尊心得到了极大满足，最终亚当森也达到了自己的目的。

例如，在餐馆里点菜时，你问服务员："今天的龙虾好不好？"这确实是一句没必要问的废话，因为服务员一定会说好，除非你是那里的常客。但是，假如你换一种问法："今天有什么好的海鲜?"那就会有不同的效果,你应该可以吃到真正好的海鲜。这两句话会引起两种截然不同的心理反应。前面一个问题只有好或不好两个答案,服务员为了顾全店里的招牌,肯定会说好,况且好与不好也没有固定的标准。而后面一个问题却定义广泛,回答甚至可以是:"今天没有什么好的海鲜,不过今天的烤鸭又肥又嫩,值得一尝。"此外,服务员见有人向自己请教式提问,在很大程度上满足了自尊心,自然会将最好的海鲜推荐给你。

在日常社交中,我们经常可以发现那些性格内向、腼腆害羞、郁郁寡欢的人常常一个人躲在角落里。这时我们不妨以有效提问的方式,将对方拉入圈内。假如对方因紧张而无法融入圈子,我们最好采用反客为主的方法使其成为谈话的中心。毕竟,每个人在谈论自己的时候往往会放松心情,那些内向者更是如此。

在日常交际中,我们应该如何有效提问呢?

1. 选择式提问

朋友之间多用这种提问方式,同时也表明提问者并不在乎对方的选择。例如,一个刚认识的朋友到家里做客,但你并不知道他的口味。那么,你不妨问:"今天吃什么?红烧鱼还是炖排骨?"

2. 协商式提问

你如果希望别人按照你的意愿去做事,就应该用商量的口吻向对方提出。比如，你需要起草一个方案，等你将自己的意图说清楚之后，可以顺便问对方一句："你看这样写是否妥当？"

3. 限制式提问

据说，香港一般茶室侍者要询问客人："要不要放鸡蛋？"心理学家却建议侍者不要问"要不要放鸡蛋"，而应该问"放一个鸡蛋还是两个鸡蛋？"这样就能够将对方的选择性范围缩小了。这种提问技巧目的性很强，它可以帮助提问者获得较为理想的回答，使被问者拒绝或不接受回答的概率大大降低。

4. 委婉式提问

比如，男孩爱上了女孩，不过他并不清楚女孩是否同样爱自己，但这样的话又不好直接说。于是，男孩委婉地提出："我可以陪你走走吗？"假如女孩不愿意交往，那她的拒绝也不会使双方难堪。

通过提问来说服对方

在生活中，总会有人问："为什么对方总是拒绝我？""为什么我一直无法顺利做事情？"其实，与其强势地说服对方，不如学会提问的艺术，让人在不知不觉间被自己的问题引导。因为问题不仅仅帮助你得出答案，其中还隐含着说服的成分。换言之，好的问题比命令更有效，只要善于掌握提问的技巧，你就可以得

怎样提出一个好问题

心应手,从而解决很多生活中和职场上的"疑难杂症",甚至好的问题还能够促使别人作出改变,达到影响身边人的目的。

小娜是一位低油耗汽车推销员。这天,她约见了一位客户,一开口就礼貌地询问:"先生,请教一个您所熟悉的问题,增加贵店利润的三大原则是什么?"客户好像很乐意回答这样的问题,他回答:"第一,降低进价;第二,提高售价;第三,减少开销。"小娜立即抓住话题说下去:"你说的句句是真言。特别是开销,那是无形中的损失。比如汽油费,一天节约20元,你想过多少吗?如果贵店有3辆车,一天节省60元,一个月就有1800元。发展下去,10年可省21万元。如果能够节约而不节约,岂不等于把百元钞票一张张撕掉?如果把这笔钱放在银行,以5分利计算,一年的利息就有1万多元。不知您高见如何,觉得有没有节油的必要呢?"听了小娜这样的分析,客户觉得自己应该改变这种情况,最终购买了节油制汽车。

小娜通过有效提问,契合客户的心理特点:既然汽车可以节油,为什么还要继续"浪费"下去呢?于是,他就会想用节油制汽车来改变之前"浪费"的情况,不得不购买节油制汽车。

一位教士做礼拜时忽然烟瘾上来了,就问主教:"我祈祷的时候可以抽一支烟吗?"结果,这位教士遭到了主教的呵斥。其后,又有一位教士遇到了同样的状况,但他却换了一种方式问道:"我吸烟的时候可以祈祷吗?"主教竟然莞尔一笑,答应了对方的请求。提问的方式不同,效果自然不同。同样的话，高明的说法会让人心中喜悦，从而顺利地达到说话的目的；而愚蠢的提问只会贻笑大方，甚至令人生厌。

约翰固执地爱上了商人的女儿柯尼亚，但柯尼亚始终拒绝正眼看他，因为他是个古怪可笑的驼子。这天，约翰找到柯尼亚，鼓足勇气问："你相信姻缘天注定吗？"柯尼亚眼睛盯着天花板答了一句："相信。"然后反问他，"你相信吗？"他回答："我听说，每个男孩出生之前，上帝便会告诉他，将来要娶的是哪一个女孩。我出生的时候，未来的新娘便已经配给我了。上帝还告诉我，我的新娘是个驼子。我当即向上帝恳求'上帝啊，一个驼背的妇女将是个悲剧，求你把驼背赐给我，再将美貌留给我的新娘'。"当时，柯尼亚看着约翰的眼睛，并被内心深处的某些记忆扰乱了。她把手伸向他，之后成了他挚爱的妻子。

"你相信姻缘天注定吗？"约翰通过这样柔情的提问触碰了柯尼亚心中最柔软的部分。在日常生活中，我们只要能够运用合适的提问技巧，就很有可能达到自己的目的，尤其是当我们在说服对方的时候，这不失为一种很好的说服对方给予帮助的方法。

以下三个提问技巧要勤加练习哦！

1. 激起对方说话的欲望

在沟通过程中，我们应该率先通过提问向对方传递友好的信息，激起对方说话的欲望。当你的提问使对方产生了浓厚的兴趣，对方就会不由自主地打开话匣子。所以，当谈话陷入尴尬境地的时候，我们一定要通过提问激起对方的兴趣，使谈话能够持续下去。

2. 有效的提问

适时的提问会帮助你找到共同话题，当然，提问也是需要技巧的。为了不造成尴尬情境，我们应该把问题尽量掌握在自己比较擅长的范围之内，问题尽量具体，比如，"你喜欢去哪个国家旅行？"这样你就可以围绕旅途中发生的趣事展开一个话题了。

3. 找到对方感兴趣的话题

每个人都有自己感兴趣的事物或话题，我们不妨去迎合他的兴趣，积极主动地寻找共同话题，这比漫无目的地乱说一通强一百倍。比如，假如你了解到他以前是一个歌手，那么你就可以说"那时候唱歌辛苦吗？""感觉你声音很独特，唱歌肯定很好听。"

第03章

提问方法，好的问题让你事半功倍

提问是一门艺术，提出好问题需要智慧作支撑。你能否获得你想要的答案，或挖掘出优质的答案，大多数时候取决于你是否采用了正确的提问方式。当然，一个精彩的提问可以诱发人们的思考，给人以启迪，甚至可以吸引众多的眼球和掌声。深谙提问模式，掌握一些小技巧就可以成为大专家。

旁敲侧击提问，能收到意外答案

在实际沟通过程中，有时候，我们提问还可以采取"旁敲侧击"的方式，多问几个与主题相关的问题，然后在这些问题中找出正题的答案，这也是一种有效的提问方式。当主题过于庞大的时候，或者说我们无法用直接的方式提问的时候，就可以采取这样的方式。当然，我们所询问的其他问题必须与正题相关，否则，即便提问再多，我们也无法找到正题的答案。

学生们在学习贾平凹的《风筝》这篇散文的时候，有位老师采用了两种截然不同的提问方式。

第一种提问：

老师："我们在做风筝的时候，心情怎么样？你是从哪些词句中体会到的？请把相关的句子画出来。"

老师："请把做风筝时的快活读出来。"

第二种提问：

老师："这一段话介绍的是我们小时候做风筝的情景，请大家认真默读课文，看看我们做的是一只怎样的风筝？"

学生："我们做的是一只蝴蝶样的风筝。"

老师："还有不同看法吗？"

学生："是一个什么也不像的风筝；是一个叫作'幸福鸟'的风筝；是一个带着憧憬和希望的风筝。"

老师："风筝完工前，我们的憧憬和希望是什么？"

学生："希望做出来的风筝很漂亮，像一只美丽的蝴蝶。"

老师："我们精心做着，可做出来的风筝——"

学生："什么也不像了。"

老师："你一心想把事情做好，很认真地做了，结果做得很糟糕，这时候，你的心情会怎么样？"

学生："伤心，难过，觉得没劲，打不起精神。"

老师："做了个'四不像'的风筝，可我们为什么依然快活呢？"

学生："只要风筝能飞起来就行！因为是自己亲手做的，再丑也喜欢！我们更在乎做风筝的过程。"

老师："是呀！在我们看来，过程比结果更重要。这小小的风筝里，承载的是单纯的童心，是简单的幸福，是童年的快乐呀。让我们带着自己的理解，美美地读一读吧。"

前一种提问方式：做风筝的时候，心情如何？提问比较简单，学生只需要在课文中简单地搜索，稍微"编辑"一下就可以作出回答。而后一种提问方式，则是旁敲侧击，引领学生在言语的丛林中反复走了几个来回。最后，让学生有了全面而深刻的感悟，把散文读出了情感、读出了味道。

怎样提出一个好问题

席燕从事化妆品的销售工作,她热情的话语、开朗的性格赢得了很多回头客,既为公司也为自己带来了效益。有的顾客在购买化妆品时,往往根据自己的喜好进行选择。有的顾客选到了自己喜爱的化妆品,乐不可支;而有的顾客虽然也对一些化妆品感兴趣,却因为其高昂的价格而犹豫不决。为了让这些顾客购买到喜爱的化妆品,席燕常会不失时机地说话,她旁敲侧击的提问常会促成顾客购买成功。

一次,一个女孩前来购买化妆品,她选中了几款化妆品,但是极高的价格却让她一时拿不定主意,徘徊不定,犹豫不决。看到那个女孩有购买的欲望,席燕不失时机地走上前说道:"你好,这款化妆品在我们店里卖得非常好。"女孩:"我不知道它适不适合我的肤质。"席燕查看了女孩脸上的皮肤,说道:"你的肤质是偏油性的,这款化妆品正好适合你的肤质,相信你用过之后肯定会感觉很清爽,现在需要我为你包起来吗?"女孩似乎还是不确定,席燕通过前面两次问话判断这位客户属于犹豫不决的个性,于是,直截了当地问了一句:"难道你还需要征询一下亲人的意见吗?"听了席燕的话,女孩并没有再多说什么,而是立即购买。

席燕先是通过旁敲侧击的提问,判断这位顾客的个性就是犹豫不决,所以她顺势巧妙提问激将对方,刺激顾客的购买欲望,达成了自己的销售目的,也满足了顾客的购买欲望。通过运用有效的提问技巧,席燕的销售业绩不断提升,为公司创造了良好的效益，自己也拥有了一笔小小的财富。

掌握以下三个提问技巧，对我们的事业发展也大有裨益。

1. 提问要提得巧

同样一个主题的问题，提问的方法和角度是多种多样的。问得旁敲侧击则巧，问得直接则显得愚笨。提问的目的是获取答案，指明方向，促使双方之间的沟通；是为了启发对方，让对方有话可说，而且说得精彩。

2. 旁敲侧击是智慧的提问

假如是十分直接的提问，目标意识过于强烈，对方就很容易产生厌倦和排斥之感。俗话说："欲速则不达。"提问也是一样的道理，智慧的提问是旁敲侧击，既能"山重水复"，又能"柳暗花明"，旁逸斜出以求出其不意，曲径通幽巧入世外桃源。

3. 提一些开放型问题或探测型问题

有时候，一些开放性问题也可以起到旁敲侧击的作用。比如，"你对现在的危机有什么意见？""你觉得灵活的工作时间怎么样？""假如你赢得了100万美元，你会选择做什么呢？"或者你也可以提一些探测性问题，比如，"那时你多大了？""ABC公司的销售额是多少？""有多少员工在你手下干活？"

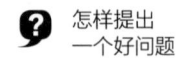

问得有层次，对方容易回答

登门槛效应，也称得寸进尺效应，是指一个人一旦接受了他人的一个微不足道的要求，为了避免认知上的不协调，或想给他人前后一致的印象，就有可能接受更大的要求。这种现象，犹如登门槛时要一级台阶一级台阶地登，这样能更容易、更顺利地登上高处。其实，每个人都有一种在他人面前保持形象一致的心理需求，他们不希望自己被看作反复无常、莫名其妙的。基于人们这样的心理，我们需要巧妙利用登门槛效应，一步步提问，由表及里，使提问呈现出一定的层次感，从而令对方欣然接受。

许多说话者在设计问题时存在很多弊病，比如，问题设计无序，没有层次感；问题设计得或浅显或深奥，不符合对方的认知层次；甚至有的人根本没经过大脑思考，就随便提问。问题不能过于直接、浅显，太简单的问题就如一碗水无滋无味，没有任何思考的空间和余地，对方只需要回答"是"或"不是"，"好"或"不好"就行，这样无疑会限制对方的言语。问题太困难，不容易回答，对方会感到无所适从、无处下手。

美国社会心理学家弗里德曼与弗雷瑟在1966年做了这样一个现场实验：实验者让助手到两个居民区劝人们在房前竖一块写有"小心驾驶"的大标语牌。在第一个居民区助手向人们直接提出这个要求，结果遭到很多居民的拒绝，接受的人仅占被要求者的17%。在第二个居民区，实验者先让助手请求各居民在一份赞成安全行驶的请愿书上签字，这是很容易做到的小小要求，几乎所有的被要求者都照办了。几周后助手再向他们提出竖牌的要求，结果接受者竟占被要求者的55%。

同样都是竖牌的要求，却产生了截然不同的结果，为什么呢？原因就在于当你向对方提出一个微不足道的要求时，对方难以拒绝，否则，就显得太不近人情了。于是，一旦接受了这个请求，就仿佛跨越了一道心理上的门槛。当你再次提出较高的请求时，这个要求和前一个请求有了继承的关系，对方就容易顺理成章地接受。

在钟表店里，一只组装好的小钟放在了两只老钟的中间。其中一只老钟对小钟说："天啊，这么小的钟等你一年走完3200万次恐怕便吃不消了。"小钟吃惊地说："要走那么多次，我可办不到。"另一只老钟说："别听他胡说，那你可以每一秒'嘀嗒'一下吗？"小钟将信将疑地说："啊，这么简单吗？我当然可以。"就这样，小钟很轻松地在每秒的"嘀嗒"声中，不知不觉走完了一年。他回过头一算，果然摆了3200万次。

登门槛效应给我们的启示就是，当我们需要向对方提出一个比较大的要求时，可以先不直接提出，因为这个要求很容易被对方拒绝。在这时，你可以先提出一个较小的问题，一旦被答应，再提出那个较大的要求，这时候才会有更大的被接受的可能性。当我们在说服对方的时候，也需要灵活运用这一效应。

问题的设计要有梯度，环环相扣，逐层递进，遵循从易到难、自简至繁、由浅入深、由表及里的原则，一步一个台阶把问题引向深入。我们在设计问题时要明确目的，设计一些有价值的问题。在设计问题时，我们不仅要考虑应该提出什么样的问题，还需要思考为什么要提这样的问题。好的提问不仅可以令对方滔滔不绝，而且还通过富有吸引力的提问活跃交流气氛，调动对方的积极性。所以，我们在实际提问的时候要注意筛选不同的内容，做到分层次提问。

豆豆早晨喜欢赖床，每天早上到了八点才起床。爸爸向豆豆提出了要求："以后每天早上提前两小时起床读书。"豆豆听了立即表示抵触，妈妈见此情景，用商量的语气说道："那先每天提前十五分钟起床好吗？"豆豆听了马上就答应了。过了一段时间，妈妈又提出再提前十五分钟起床的要求，豆豆也很爽快地答应了。就这样，用了不到两个月的时间，豆豆就完全做到了每天提前两小时起床。

在这里，妈妈所使用的心理策略就是典型的登门槛效应。比如，对一个推销员来说，当他可以令顾客打开门，跟顾客展开交谈时，其实，他就取得了一个小小的进步。在这样的情况下，假如他能够说服顾客看一看他的产品的话，那么，他就可以再提出"购买产品"的要求，而且，这样的要求很有可能被满足。

如果你也想通过登门槛效应达到自己的目的，那么务必留意以下三点。

1. 降低要求的"门槛"

你如果想让顾客购买自己的糖果，就需要降低自己要求的"门槛"。你不妨先说"这是我们店刚进的新品种，清甜可口，甜而不腻，您先品尝一下，好吗？"对方在"恭敬不如从命"的心理状态下品尝了糖果，这时候你再提出"购买"的要求，对方一定不会拒绝的。

2. 先提出一个微不足道的要求

一般情况下，男生都是这样"追求"女孩子的："这道题我不是很理解，你能帮帮我，给我讲解一下吗？"紧接着："顺路，我送你回家吧"……就这样一步步"说服"对方成为自己的女朋友，而且，由于这样的举止遵循了"登门槛效应"，在整个过程中，对方不会有不安的感觉。

3. "哪怕一分钱也好……"

心理学家D.H.查尔迪尼代替某慈善机构做一次募捐活动，他对一些人说了一句"哪怕一分钱也好，您愿意伸出援助之手吗？"结果这些人的募捐额度要远远高于另外一些人。当我们再向对方说出"哪怕……也好"的时候就是在利用登门槛效应使得对方欣然接受我们的请求。

怎样提出一个好问题

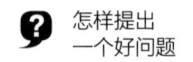

投石问路，问出精彩

如果向河水中投块石子，探明水的深浅再前进，我们就能有把握地过河。在日常沟通中，我们在与对手的交流中也可以先提一些"投石"式的问题，比如，"假如我们订货的数量加倍或者减半呢？""假如我们和你们签订一年的合同，或者更长时间的合同呢？"使用这种方法需要我们作为一个有心人，你可以从对方的回答中发现对方与自己的共同利益之处，在略有了解之后再进行有目的的洽谈。双方互相试探，你提出了"投石"式的问题，对方作出了回答，在此过程中你们就可以根据问题的突破口进行洽谈，便于快速达成双方都认可的协议。其中需要做的最重要的是在听对方介绍时要仔细分析、认识对手，发现可以利用之处，再进行深入交谈，不断地发现新的共同利益。

当公司还是一个小工厂的时候，王姐作为公司的领导，她总是亲自出门推销产品。每次碰到讨价还价比较厉害的对手的时候，她总是真诚地说："我的工厂只是一家小作坊。这大热天的，工人们在炽热的铁板上加工制作产品，汗流浃背，他们该是多辛苦啊。但是，一想到客户，他们依旧努力工作，好不容易制造出了这些产品。为了对得起这些辛苦的工人，我们还是按照正常的利润计算方法，你看如何？"

听了这样的话，客户开怀大笑，说："许多来找我推销产品的人在讨价还价的时候总是说出种种不同的理由，但是你说的很不一样，句句都在情理之中。我也能理解你和你手下的工人都不容易。好吧，我就按你开出的价格买下来好了。"

投石问路是一种向对手试探的手段，也就是在沟通中经常借助提问的方式来摸索、了解对手的意图以及某些具体情形。日常销售过程中，投石问路是一种常见的方式。作为交谈的一方，你可以用这种方式从对方那里得到对方很少主动提供的资料，以此来分析商品的成分、价格等情形，便于作出合适的决定。在沟通过程中所提出的每一个问题都像是一颗探路的"石子"，你能够通过对产品质量、购买数量、付款方式、交货时间等问题来了解对方的具体情况。

王先生是一名销售员，这是他与一位某商场负责人高先生的沟通过程。

王先生："您好，高先生，首先要感谢您给了我介绍我们产品的机会。"

高先生："欢迎你的到来。"

王先生："咱们能先谈您的生意吗？那天咱们在电话里交谈时，您曾向我透露过您计划销售牢固且价格合理的家具。但是，我还想深入了解，您期望的是哪些款式，您销售的对象有哪些人，还有，您能谈谈您的构想吗？"

高先生点点头，回答说："你可能也了解，我们商场附近住着许多年轻人，他们通常喜欢逛组合式家具连锁店。不过，在城区的另一块住着许多退休老人，比如，我的母亲就住在那里。去年，她很想买家具，不过她觉得那些组合式家具太花哨了。虽然她有固定收入，但她依然感觉烦恼，因为以她自己的预算不容易在这个城市买到款式不过时且适合她的家具。她告诉我，在她身边有许多朋友都有这样的烦恼，这是一个普遍的问题。于是，我就着手做了一个调查，发现我老母亲说得很对。所以，我希望在商场家具的销售对象这方面锁定这群人。"

王先生："您的意思是说，高龄用户考虑的最重要因素是家具的耐用性，对吗？"

高先生："是的，我们的顾客成长的年代有区别，所以他们希望自己的家具可以常年如新。比如，我奶奶会在她的家具上面铺上塑料布，一用就是30年。尽管，我也清楚，我需要的这种物美价廉的需求对于家具生产厂家而言确实比较困难。不过我还是认为一定会有厂商愿意生产这类家具的。"

王先生："这是肯定的。那么，我可以再问您一个问题吗？"

高先生（点头）："你问吧。"

王先生："您所说的价钱不高是多少？比如，您认为顾客愿意花多少钱去买一张沙发？"

高先生笑了起来，说："很抱歉，我没有把话说清楚。我不会买进一大堆便宜的地摊货，也不会采购一批20世纪的'古董'。就我个人理解，只要顾客可以确定这东西能够用很长时间，他们就可以接受500元到700元之间的价格。"

王先生："太好了，高先生，我们企业肯定能够帮得上这个忙！请允许我再占用您几分钟的时间，说清楚两个问题。第一，我们企业生产的'典雅系列'，不管是从外观还是品质上，都可以符合您所期望的顾客群的需要。至于您提到的价钱，我们有绝对的信心可以确保得了。第二，我们可以谈谈这套产品更人性化的设计和优点，那就是永久性防污处理。这项技术使得家具不易沾尘垢，清洁十分方便。这些我们能够在接下来的合作中进行详细全面的了解，您觉得如何？"

高先生："好的，没问题。"

王先生具体的提问恰到好处地引导了话题，而且从高先生的回答中，王先生了解了其要求，从而灵活运用了销售策略。王先生如果不善于以提问来了解顾客的需求，那估计他即便与高先生聊一天也不会出什么销售成绩。

在沟通过程中，我们不要仓促前行，而是需要谨慎向前，一边提问一边走路，方能获得自己想知道的信息。不断地投石问路能让对方疲于应付，如果对方想要拒绝我方的提问，通常来说是不礼貌的。而且，当面对这样连珠炮式的提问时，大多数人都会选择宁愿适当放弃自己的利益，也不愿意继续回答问题。

投石问路的方法并不是绝对的奏效，因此我们在使用这个方法时还应该注意几个问题：

怎样提出一个好问题

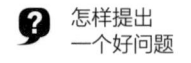

1. 提问要具体

在正式沟通中，有的问题太过宽泛，让人难以回答；有的问题太笼统，答案并没有在自己掌控的范围之内。为此，我们可以先问几个是非题或选择题，把对方有价值的话题找出来，再继续提问。

2. 因势利导，巧用对方的"石子"

我们有时会遭遇对方的"投石问路"，这时不妨针对他想知道更多情况的心理对其进行有意识的引导，提出反建议，将对方扔过来的"石子"还给对方。比如，"您问的问题我都答复了，怎么样，请您考虑我的条件吧？"如此因势利导往往能促使沟通走向成功。

用一个个提问来占据主动

日常沟通中的双方不会都站在同一个层面，有时候我们面对的有可能是阅历比我们丰富、学历比我们高的对手。我们在这样的场合会非常没有自信，总是觉得己不如人。这样的想法会不时地通过谈话透露出来，使自己处于谈话的下风。这样就会限制我们的观念和意见的表达，会让我们在谈话内容中涉及的观念和意见不攻自破。怎么让自己在对话中处于上风？这就需要掌握一个技巧——问题攻势。如果你想在和对方的谈话中占上风,你就应该提前准备很多对方可能根本回答不上的问题,当连续向他发问。当对方回答不了这些问题,面露难色的时候,你肯定能逐渐平静下来,恢复自信,这样你就占了上风。

一位年轻人突然接到某银行的一个实力雄厚的分行任行长的任命。这位年轻人来到分行上任,大家见到分行行长非常年轻,一点儿都不威严。银行中经验丰富的老职员们都发牢骚说:"难道就让这小子来指挥我们?"

但是,令大家都没有想到的是,分行行长一到任就立即把老职员一个个找来连珠炮似地问起了问题。

"你一周去B食品公司访问几次?每个月平均去几次?"

"制药公司的职员是我们的老客户,他们在我们银行开户的百分比是多少?"

……

就这样,在大家诧异的眼光中,这位年轻的分行行长问倒了所有的老职员。

年轻的分行行长知道自己的年轻肯定不能让老职员们信服,而且经验也不如老职员们丰富。于是,他聪明地避开正面的交锋,而是一到任就立即把老职员一个个找来问起了问题。年轻分行行长在这里使用的就是"问题攻势"方法。这样的方法使得他问倒了所有的老职员,让他在气势上占了上风,以后银行的老职员定会信服他。

有一天晚上,王小姐刚从夜校上完课回家,有位年轻男子从她后面跟上来想和她谈谈心。王小姐一看这位年轻男子，身穿红色衬衣，肩上挂着西装背带，胸前还挂个耶稣像的十字架，心里对这个男子的意图已经相当明白了。男子非常诚恳地拜王小姐为师，表示要学好文学和外语。王小姐见他真诚，就和他谈起心。于是他们的沟通是从一连串的问题开始的。

　　王小姐："你为什么要戴这个十字架呢？"

　　年轻男子："你是搞中国古典文学的，还懂这玩意儿？"

　　王小姐："你真是小看我了，我要连这个问题都答不上来，今天我算不算在你面前丢面子了？"

　　年轻男子：（微笑不语）。

　　王小姐："你不是在学外语吗？我问你，'圣经'这个词，英语怎么说？"

　　年轻男子："……"

　　王小姐："bible（圣经）。"

　　王小姐："你每天戴着十字架，会念祈祷词吗？"

　　年轻男子："不就是阿门吗？"

　　王小姐："不对。你读过《圣经》吗？《圣经》都讲了些什么呢？"

　　年轻男子："不知道，没读过。"

　　王小姐："《旧约全书》和《新约全书》的主要内容是……你知道美的实质吗？"

　　王小姐："比如，有个女孩长得非常漂亮，笑起来还有两个可爱的小酒窝呢。表面看，挺漂亮的，但是有人告诉你，她竟然是一个小偷，你还认为她美吗？"

年轻男子："内外不一致，不美。"

王小姐："有一个修女，外表穿得很肃穆，内心对耶稣很虔诚，胸前挂着一个十字架，你觉得她美吗？"

年轻男子："内外相和谐，对基督徒来说，还是美的。"

王小姐："那么请问，你既不懂基督教，又不信耶稣，胸前还戴着十字架，你是美在哪儿呢？"

年轻男子："呃……"

王小姐："你以前为什么戴它呢？"

年轻男子："我看外国人戴，外国人能戴，我为什么不能戴？"

王小姐："你的领导没有批评过你吗？你从来不反思自己的行为吗？"

……

在谈话中巧妙地使自己原本处于下风的姿态瞬间转换为占上风，这样就更容易让人信服。"问题攻势"就是连续地向别人提问。你如果这个时候采取故意问对方你知道的事情的方法，也许会被认为是不怀好意。但是，"问题攻势"的目的就是令对方丧失气势，所以你在这个时候绝不能心软，要尽量使用这个办法压倒对方的气势，使自己处于上风。

要想"问题攻势"策略达到良好的效果，需要注意以下两点。

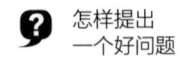

1. 使用"蜂音技巧"

研究者发现这种连珠炮似的发问就像"蜜蜂振动翅膀发出的令人烦躁的声音",并把它叫作"蜂音技巧",指的是一种用让人心烦的聒噪声来驳倒对方的战术。人们往往不可能立刻回答出涉及很详细数字的问题,所以这个战术对于在谈话中占上风十分有效。假如对方能够一下子就回答出来,你就可以继续追问:"除此之外,你还能举出什么例子吗?"等问题,直到对方哑口无言。到最后,对方一定会回答不出来的。

2. 模糊问题本身

既然通过蜂音技巧展开问题攻势的目的是驳倒对方,那么你一定要记住,你所提出的问题要抽象、模糊,尽量找对方不好回答的问题。对方越回答不出问题,你占上风的优势就越明显,你就越有可能取得对话中的胜利,就更容易说服对方。

微笑对人,让提问更有亲和力

在沟通过程中的提问并不是板着脸孔的提问,就好像严肃的老师向学生提问。这样的提问表情只会令对方心生反感,更加不把你的问题放在心上。提问,指的并不是简单地将问题用生硬的语气提出来,而是还需要配合适宜的表情和语气,这样的提问才会更加真挚动人。在沟通过程中,人们的提问往往是不足的，表现不尽如人意。有的提问磕磕绊绊，话不连贯；有的声音发颤，语不成句；有的词不达意，不知所云。而电视台主持人在提问时，一拿起话筒，面对摄影机，脸上便会露出一副深情款款的表情，就好像在表演诗朗诵般，让人疑惑他是不是演出。恰如其分的提问，应该是做出与语境相配合的表情、动作，在声音方面也需要配合当时的语境，这样才能让提问更加动人，对方也才容易被这样的提问打动。

提问，不仅仅是将问题提出来，而是需要思考如何才能打动对方，让对方主动向我们敞开胸怀，袒露自己的心事。如果我们的提问被对方拒绝回答，那就宣告我们的提问失败。

一位富商的太太想换一辆车，于是开着原来那辆破旧的老车来到一家汽车销售店。销售员们看见她衣着寻常，又开着一辆破车，因此都表现得不积极热情。销售主管程敏只得亲自上前服务。

"您好，女士，请问您需要我帮忙吗？"程敏热情地打招呼。

"不用，我只是随便看看。"那位太太回答。

程敏带着淡淡的微笑，始终跟在那位太太的身边，虽然不说话，但是却细心观察她的神情变化。当她看见太太的眼睛落在一款新车上突然亮了一下，便马上说："这是今年的最新款式，让我给您介绍一下好吗？"程敏拿出这款车的宣传资料，详细地介绍起车子的性能和优点。那位太太听着，流露出想买的神情，但是眼神间还有一丝犹豫，还没有最终下定决心。

> **? 怎样提出一个好问题**

"这样吧,您先填写一下客户资料,然后我再根据您的要求给您推荐其他款式的车型好吗?"

那位太太填写了资料,程敏细细地看了一下,叫过一位销售员,在他耳边吩咐了几句,这位销售员出去了。不久后,销售员抱回来一大束鲜花。

"梁太太,今天是您的生日,祝您生日快乐!"程敏递过鲜花,真诚地说。

那位太太奇怪地问:"你怎么知道?"

"您填写的客户资料上有。"程敏微微一笑。

梁太太非常感动,她接过鲜花,眼睛微微湿润了,说:"在这之前,我已经去过三家4S店了,也都填写了客户资料,但你是第一个祝我生日快乐的人。谢谢!"

最终,梁太太毫不犹豫地买下了那辆新车,并且后来介绍不少朋友与客户来这里买车,还和程敏成了好朋友。

对此,我们如果想要一次有效的提问,就要把自己融入提问的语境之中,切合语境,配合以相应的表情和语调,或微笑、或悲伤、或同情,这样才能让对方愿意将自己想说的说出来。

1. 好的提问可以帮助我们获取有价值的信息

"这个教育制度大多都在教我们怎样去答,却很少教我们怎样去问。在每次采访之前,我都会感到紧张和兴奋,并不是因为嘉宾的地位、名头很响,而是我想我该如何利用这不到一小时的时间问出好故事。"好的提问不仅会让被提问者感觉到我们的真挚，而且还能够帮助我们问到一个好的故事，这样我们才能从提问中有所收获。

2. 表情与所提问题内容的情绪保持一致

假如我们的提问空洞而乏味，语言生硬，语调平淡，我们是很难问出好故事的。我们只是将问题"朗读"出来而已，这样的表演是难以打动对方，如此，他就会寻找一些理由来拒绝回答我们的问题。所以，为了让自己的提问有所收获，我们应该配合好的表情，比如，询问一些悲伤的事情，就流露出肃穆的神情；询问开心的事情时，就要面露笑容。这样才能让自己的提问更加动人。

3. 提问要口、眼、脑并用

提问除了要注重非语言的交流，还要学会眼睛的配合和头脑的思考。眼睛观察和用脑思考都是为了"口"里的表达准确。口、眼、脑并用才能观察得深、观察得细，思考有深度，提问才能得体。我们要认真研究提问的艺术才能让提问成为真情实感的交流、思想文化的碰撞，才能更好地实现自己的意图，取得最佳效果。

第04章

提问准备，知己知彼才能问对路

在日常沟通中，"提问"成功与否直接决定了沟通的最终结果，因为成功的沟通往往是一次完整的谈话过程。当然，影响沟通成功的因素很多，比如，提问者的文化水平、表达能力、谈话环境、当时事情的进展对对方情绪的影响、现场气氛的控制、时间的掌握等。此外，还有一个因素也起到了很基础很重要的作用，那就是沟通之前的准备工作——为提问做好准备。

> 怎样提出一个好问题

提问有技巧，问题问得好

对于那些主持人而言，在访谈节目中设计问题越多越充分就越好。美国哥伦比亚广播公司的名牌节目《60分钟》的主持人麦克·华莱士在采访邓小平同志之前设计了足足一百个问题，采访中真正能用到的不过十来个。在日常沟通中，我们设计问题时也应该考虑有一个合乎逻辑的结构：开头、中间、结尾。提问就如写文章一般，起承转合，问题与问题之间需要有内在、有机的关联。

湖北人民广播电台妇女儿童频道的《周末有约》是一档采访成功、优秀女性的访谈节目。这个栏目的主持人独立完成所有的采、编、播任务。其中一期节目的嘉宾是第十一届全国青年歌手大奖赛业余组银奖获得者——武钢文工团的土家族歌手陈春蓉。

主持人在了解其个人经历、从艺过程、参赛经过后，将目光锁定嘉宾在中央电视台决赛现场的一个感人镜头：陈春蓉是所有参赛选手中年龄最大的，34岁的她在作自我介绍时说："我是第一次也是最后一次站在这个舞台上。"（大赛规定选手年龄不超过35岁）

大赛主持人文清问她为何这么晚才来参加比赛，她说因为自己形象不好。文清请她对着镜头微笑一下，她不好意思地笑了，文清说："瞧，你笑起来多美，对自己要自信，自信的女人才美丽！"陈春蓉流下了激动的泪水。这一幕让陈春蓉终生难忘。

于是，主持人确定这期节目的访谈主题围绕"自信的女人最美丽"展开，整个访谈过程轻松、流畅，陈春蓉在直播室里谈笑风生。在节目即将结束时，她再一次真诚地对电视前的女性朋友说，自信的女人最美丽，希望大家能像她现在一样自信、乐观地生活。

这期节目收到了很好的播出反响。

在实际沟通过程中，问题设计需要讲究一定的技巧，我们应该避免问过于宏大的问题，因为这类问题一问出来，估计写一两篇论文也未必能说清楚。所以，在有限的时间里，对方会不知道从何处说起。有的问题不必问得过于详细，这样对方已经感到无话可说，只好说："对，是这样，你说得对。"好的提问是让自己与对方产生一种"回合感"，"回合"的境界是美妙的，但"回合"只产生在对话中，只会产生在好的提问所诞生的好的对话机会中。

建立良好的"回合感"需要注意以下三点：

1. 善于切入话题

不管是自己还是对方，在沟通正式开始之前，都有一个逐渐进入沟通状态的过程。自己作为提问者，是发起提问的一方，必须把握好切入话题的技巧，以形成与对方的良好关系，让对方快速从陌生感中走出，进入语言沟通的和谐情景。当然，由于不同的沟通对象有不同的经验和感受，这种策略必须视对象而定。

2. 找准兴奋点

我们在日常沟通过程中，需要根据自己对整个背景、当前局势以及对方心理的把握，找准兴奋点，提出具有足够话题性和关注度的问题，从而推动沟通深度进行，使自己与对方建立和谐的关系。

3. 善用多种提问方式

语言中有多种提问方式，如正问、反问、设问、侧问等，都可以在实际沟通中采用，而且应当被综合运用。这些提问方式的综合运用可以建立并营造良好的谈话氛围，使谈话变得有趣、有立体感。

正问就是直截了当地对对方进行提问，这是一种直接、坦诚，不乏思想交锋的提问方式。反问就是话锋一转，使话题更趋向于事情的本质，从而使问题明朗化。例如，杨澜曾采访姚明说："难道那时候你没觉得乔丹是你心中的偶像？"这是反问，假定一个情境，把问题推向一个极端，使对象无从回避而只能实话实说。又如，主持人在节目访谈中，曾问整形专家："你是说，就算以你们现在的资质跟技术，你们也没有办法保证？"这时对方只能实话实说。侧问就是讲究策略，在不便于直接发问的情况下，迂回作战，以得到对象的回应。这在对方没有进入沟通情境显得紧张，或是有意回避事实真相时可以采用的提问方式。

综合采用各种提问方式，能使沟通更深入，从而达到我们预期的目的。

用提问来打开交流话题

沟通是信息传递的重要方式，通过沟通，信息在谈话者与对方之间得以传播。在整个沟通过程中，"聊什么"和"怎么聊"受限于"和谁聊"，作为话题的发起者，我们想要展开谈话，不要忘了你的对象是谁。假如这是一次重要的沟通，在你迫不及待地开始张口或是脑中一片空白，不知道说什么之前，停下来问自己三个问题：第一，目标是什么？是为了达成共识，为了获取信息，为了传递信息，至少要进展到什么程度；第二，沟通对象是谁？他是什么角色，对他了解多少，为什么要找这个人沟通；第三，假如见面后一时发现不到共同点，你又给自己准备了什么话题和切入点？假如你回答不上来上面的三个问题，那表示你根本不知道自己在做什么；假如你清楚地知道三个问题的答案是什么，那说明你对这次沟通的理解已经有了相当的深度。

有一次，一位推销员来拜访拿破仑·希尔，希望他订阅一份《周六晚邮》。推销员满脸沮丧，拿着那份杂志向拿破仑·希尔提问："你不会为了帮助我而订阅《周六晚邮》吧，是不是？"拿破仑·希尔一口就拒绝了推销员的要求，那位推销员阴沉着脸走了出去。

几个星期之后，另一位推销员来拜访拿破仑·希尔，她推销六种杂志，其中有一种就是《周六晚邮》。推销员看了看拿破仑·希尔的书桌，发现书桌上已经摆了几本杂志。突然，她忍不住惊呼起来："哦！我看得出来，你十分喜爱阅读书籍和各种杂志。"拿破仑·希尔放下了手中的稿子，点点头。推销员走到书架前，从书架上取出了一本爱默生的论文集，她开口谈论起了爱默生那篇《论稿酬》的文章，不一会儿，拿破仑·希尔也加入其中。然后，推销员开始将话题转移到了订阅杂志的问题上，她问拿破仑·希尔："你定期收到的杂志有哪几种？"拿破仑·希尔回答了自己订阅的杂志名称，推销员脸上露出了笑容，随即摊开了自己的杂志，她开始分析："我觉得这里的每一种杂志你都需要订阅一份，《周六晚邮》可以让你欣赏到最干净的小说，《美国杂志》可以给你介绍工商界领袖的最新生活动态……像你这种地位的人物，一定要消息灵通，知识渊博。如果不是这样子的话，一定会在自己的工作上表现出来。"拿破仑·希尔笑了，问道："订阅这六种杂志一共需要多少钱？"推销员笑着回答："多少钱？这个数目还比

第04章
提问准备，知己知彼才能问对路

不上你手中所拿的那一张稿纸的稿费呢。"最后，她离开的时候带走了拿破仑·希尔订阅六种杂志的订单。

"你不会为了帮助我而订阅《周六晚邮》吧，是不是？""你定期收到的杂志有哪几种？"同样是提问，为什么前后两者所达到的效果不一样？拿破仑自己在回忆这件事情的时候，曾说："第一位推销员话中没有以热忱作为后盾，在他脸上充满阴沉而沮丧的神情，他并没有说出任何足以打动我的理由；那位女推销员开始说话，我就从她身上感受到了那股热忱，她通过热忱感染了我、打动了我，促使我不得不订阅那六种杂志。"即便在提问时，我们也需要保持良好的情绪状态，否则负面情绪传染给对方，我们也无法通过提问实现自己的目的。

在日常交际中，我们要善于用寒暄将对方带进话题空间。而且，大多数人在沟通时都喜欢谈论那些无关紧要的事情，例如，"今天天气不错""早上你吃了什么"，显然这都是一些提问。既然寒暄也是从提问开始的，那就不妨巧妙提问，让双方的沟通深入发展。通常的人际交往定会有一定的交际目的：增加感情或达成共同协议。那这样的交际定会有一个话题，围绕这个话题，我们才能顺利地达到自己的交际目的。因此，在一开始的寒暄中，我们就要善于将对方带进话题空间，让对方围绕这个话题尽可能地多聊他自己，我们才有机会进行更深层次的沟通。

一位漂亮的女郎在首饰店的柜台前看了很久。售货员问了一句："这位女士，您需要买什么？""随便看看。"女郎的回答明显缺乏足够的热情。不过，售货员发现这位女士总是有意或无意地触摸自己的上衣，好像对自己的上衣很是满意，售货员忍不住夸奖说："您这件上衣好漂亮呀！你的眼光真不错，请问你在哪里买的？"如此一下子就将话题拉到了对方身上。果然，"啊？"女郎的视线从陈列品上移开了，移到了自己感兴趣的上衣上面，"这种上衣的款式很少见，是在隔壁的百货大楼买的吗？"售货员满脸热情，笑呵呵地继续问道。

"当然不是，这是从国外买来的。"女郎终于开口了，并对自己的回答颇为得意。"原来是这样，我说在国内从来没有看到这样的上衣呢。说真的，您穿这件上衣，确实很吸引人。""您过奖了。"女郎有些不好意思了。"只是……对了，可能您已经想到了这一点，要是再配一条合适的项链，效果可能就更好了。"聪明的售货员顺势切入了主题。"是呀，我也这么想，只是项链这种昂贵商品，怕自己选得不合适……"

在案例中，首饰店自然是卖首饰的，而首饰自然是作为服饰搭配的。在整个与客户交流的过程中，导购很细心地去观察对方，而且巧妙地将话题引入寒暄之中，比如，"这位女士，您需要买点什么？"当听到顾客爱理不理地说"随便看看"，导购并没有泄气，而是适时说了一句寒暄语："您这件上衣好漂亮呀！你的眼光真不错。请问你在哪里买的？"显而易见，称赞对方的上衣，肯定是希望对方能挑选一件首饰作为服饰的搭配。所以，这样的提问恰到好处地将对方引进话题中，最后这位导购达到了自己的目的。

将对方引进话题是有技巧的，以下三点要多加练习：

1. 找准契合话题的提问

在日常交际中，我们要想将对方带进话题空间就需要找准契合话题的提问。比如，我们想说的话题是产品的特点，那我们的寒暄一定要围绕这个话题展开，而不是漫无边际地聊天气、聊各自的兴趣爱好。只要我们找准契合话题的提问，对方肯定会围绕这个话题展开，双方就可以适时围绕这个话题达成一个协议。

2. 提问的话题最好是围绕对方展开

在日常交际中，经常会出现这样的情况：人们对于谈论他人的话题总显得心不在焉，不是摆弄手机，就是四处张望。但是，一旦话题转到了自己的身上，其内心就激起了一种谈话的欲望。毕竟，每个人都希望自己被重视。那么，如何在交谈中打动对方？最好的方法当然是让提问的话题围绕对方展开。打开了对方的话匣子，还愁打不开对方的心扉吗？

3. 不要总是谈论自己

在生活中，大多数人在寒暄时都喜欢谈论自己，从嘴里不断地蹦出"我今天……""我觉得……""我买了……"这类话语。这样的沟通方式只会让对方变得沉默，甚至哑口无言。其实，最有效的沟通就是让对方尽可能地聊他自己，这样大家

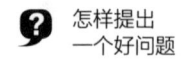

都欢喜，对方满足了想表达的欲望，你则以自己的"善解人意"打动了对方。

提问后认真聆听对方的回答

英国管理学家L.威尔德有一句十分经典的话："人际沟通始于聆听，终于回答。"在沟通过程中，一问一答之间可以使人受益无穷。对于人际交往来说，倾听是人与人之间沟通的基础，但在现实生活中却没有多少人真正掌握倾听的艺术。尽管我们主张答得好不如问得好，但是，在提问的同时，我们依然需要做好倾听的准备。倾听是一种美德，没人会喜欢开口就叽叽喳喳的鸟儿，他们更喜欢能够认真倾听自己说话的人。在日常沟通过程中，如果你能恰到好处地将这一美德表现出来，赢得主动位置，那绝对是无往不利。

或许，有人错误地理解多说话、多提问才能把握沟通的主动权。其实，多说话会给我们带来很多负面的影响。多说有可能会使他人对你产生戒心，认为你有某种企图；说得太多了，他人会对你敬而远之，因为他没有义务听你倾诉；况且，说话这件事，说得多了，难免会出错；有时候，说得太多，暴露的信息太多就会被别人看穿。所以，适时提问，做一个懂得倾听的人并将这种美德沿袭在自己身上，你会赢得比别人更多的机

第04章
提问准备，知己知彼才能问对路

会，获取更多的信息，把握沟通的主动权，能够更加有效地打动人心。

小罗是一个很受欢迎的人。他常常接到不同的邀请，而且在各种社交场合，他都能和大家打成一片。朋友小林十分佩服他，不过，他始终没能找到小罗的秘诀。

有一天晚上，小林参加一个小型的社交活动的时候，一到场他就看见了小罗和一个气质高雅的女士坐在角落里。小林发现，那位年轻的女士一直在说，而自己的朋友小罗好像一句话也没说，只是偶尔笑一笑，点点头。回家的路上，小林忍不住问小罗："刚才，那位年轻的女士好像完全被你吸引住了，你是怎么做到的？"小罗笑着说："刚开始我只是问她：'你的肤色看起来真健康，去哪里度假了吗？'她就告诉我去了夏威夷，还不断称赞那里的阳光、沙滩。之后顺理成章地，她就开始讲起了那次旅行，接下来的两小时她一直在谈夏威夷。在这个过程中，我会不断地回应：'是吗？真的很美吗？我想我下次也会选择去那里度假。'最后，她觉得和我聊天很愉快，可是，我实际上并没有说几句话。"

从这个案例中，我们应该清楚为什么小罗总是那么受欢迎了吧？是的，原因就是认真地倾听，不时提问。其实，在沟通过程中，倾听是对谈话者最基本的尊重，同时，也是有效提问的前提。懂得倾听加上不时提出问题会让对方感受到你的注意力，让他觉得你对他所谈的内容很感兴趣，那么，他对你的心理距离就会缩短。在这样友好的氛围中，对方更容易对你产生好感，自然也很容易为你所打动。

只是敷衍而木讷地听对方讲述是不行的，我们还需要鼓励对方继续说下去。所以，在倾听的过程中要适时地提问，以引起对方的注意和说话的欲望。而且，适时地提问其实也是一种有礼貌的反馈行为。

有一次，乔·吉拉德拜访了一个有趣的客户。一开始，客户就喋喋不休地谈论自己的儿子，他十分自豪地说："我的儿子要当医生了。"乔·吉拉德惊叹道："是吗？那太棒了！"客户继续说："我的孩子很聪明吧？在他还是婴儿的时候，我就发现他相当聪明。"乔·吉拉德点点头，回应道："我想，他的成绩非常不错。"客户回答说："当然，他是他们班上最棒的。"乔·吉拉德笑了，问道："那他高中毕业打算干什么呢？"客户回答："他在密歇根大学学医，这孩子，我最喜欢他了……"话匣子一打开，客户就聊起了儿子在小时候、中学、大学的趣事。

第二天，当乔·吉拉德再次打电话给那位客户时，他被告知客户已经决定从自己手中买车。而客户的原因很简单，他说："当我提起我的儿子吉米有多骄傲的时候，他是多么认真地听。"

认真倾听使乔·吉拉德打动了顾客，赢得了一份订单。如此看来，"倾听"确实是一种讨人喜欢的行为。在日常交际

第04章
提问准备，知己知彼才能问对路

中，我们习惯用语言来交流思想，用心来沟通感情，但是，沟通与交流需要的仅仅是语言吗？这是否定的。在很多时候，我们往往忽视了耳朵的作用，也就是倾听的作用。倾听是一种交流，更是一种亲近的态度，只有倾听才能领略别样的风景，只有倾听才能真正地走进对方的心里。

小A兴致勃勃地冲进办公室对同事小文大声嚷嚷："你猜我今天在电梯看见谁了？""谁啊，是不是隔壁办公室的某某啊？"小文好奇地追问。"不是啦，我看见明星了，他好像是来代言广告的，那时候我的心都差点停止跳动了。"小A还沉浸在兴奋状态里。"真的？那个明星是谁啊？电视上和真人相比，哪个更帅些？"小文不住地追问。小A拉过一张椅子，打算坐下好好聊。

提问是为了更好的沟通效果，做好以下四点将事半功倍：

1. 适时提问

在倾听过程中，要把握提问的时间。一般，当对方正在诉说事情的时候，我们不要打断对方提问，而需要等待合适的时机再进行提问。比如，对方说完之后有片刻的沉默，这就是最好的提问时机。

2. 以诚恳的态度提问

提问是为了让对方继续说下去。因此，我们要以诚恳的态度提问，不应该以盘问、讽刺或者审问的态度与对方沟通。比如，"你不是挺厉害吗？这次怎么失败了？"这样的问题有点

077

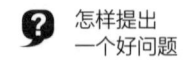

挑衅的味道，会引起对方心中不快的情绪。

3. 不要重复连续提问

对同一个问题，一旦你问了两次或两次以上，对方就会觉得你不过是在敷衍他，并没有认真地听他讲话，对你的印象也大打折扣。

4. 等待对方回答

提出问题之后我们应该保持安静，等待对方问答。如果这时候你自问自答或者抢答，对方会感觉你并没有尊重他说话的权利。若对方回答不够完整，我们要耐心地听下去，也可以采用合适的语气继续追问。

细心观察，了解对方的心理

在进行正式沟通之前，我们应该通过收集信息、留心观察来了解对方的心理状态，这是我们顺利完成提问的一个十分重要的环节。通常情况下，对方的心理状态大致可以分为愉悦、不愉悦两类。若对方心理保持愉悦的状态，往往在言行中表现出对我们的尊重和信任，情绪饱满、积极认真地回答我们提出的各种问题，这自然是令我们感到十分高兴的局面；若对方不高兴的时候，他们就可能会情绪消极，勉强作出被动应答。这样的情况确实令我们感到难堪。不过，对于我们的提问，对方不好回答或是不想回答的,这时我们要针对具体情况寻找突破口,并运用恰当的语言表达方式来缓和气氛,同时我们还应该调整自己的心理状态,让对方感到你是善意的。

有一次,一个顾客在一款地砖面前徘徊了很久。导购员小姐走过去对顾客说:"先生,您喜欢这款地砖吗?您的眼光真好,这款地砖是我们公司的主打产品,也是上个月的销售冠军。"顾客问道:"多少钱一块啊?"小姐回答说:"这块瓷砖,打折后的价格是100一块。"顾客说道:"有点贵,还能便宜吗?"小姐说:"冒昧地问一句,您家在哪个小区?"顾客回答说:"在东方明珠。"小姐赞美道:"东方明珠应该是市里很不错的楼盘了,听说小区的绿化非常漂亮,而且,室内的格局都非常不错,交通也很方便。买这么好的地方,我看就不用在乎多几个钱了吧?不过,我们近期正在对东方明珠做一个促销活动,这次还真能给您一个团购价的优惠。"顾客兴奋地说:"可是我现在还没有拿到新房的钥匙,没有具体的面积怎么办呢?"导购员小姐回复:"您要是现在就提货还优惠不成呢,我们按规定要达到25户以上才能享受优惠,今天加上您这一单才15户。不过,您可以先交定金,我给您标上团购,等您拿到了新房钥匙再告诉我具体面积和数量。"

就这样,顾客提前交了定金,两个星期以后,这个订单就算定下来了。

"您喜欢这款地砖吗?""您家在哪个小区?""东方

明珠应该是市里很不错的楼盘了，听说小区的绿化非常漂亮，而且，室内的格局都非常不错，交通也很方便，买这么好的地方，我看就不用在乎多几个钱了吧？"在这三个问题中，导购员小姐对于客户恰到好处的提问，再加上适时的赞美，轻松就打动了客户的心。

参加北京台访谈类节目《真情》的嘉宾，大都历经了生活的艰难和波折，所以对于主持人问的一些问题很回避。

2007年4月的一期节目嘉宾是一对互相打骂的父子。当主持人文燕问到12岁的儿子"你有没有感到你打爸爸是不对的"时，这个性格叛逆、讨厌自己父亲的孩子低头不语；继而主持人问"那你觉得你打爸爸是对的喽"这个问题时，孩子还是不说话，但似乎开始思考这个"打爸爸"对不对的问题。接下来主持人变换了话题，询问了父子恩怨的经过及两人动手的程度，接着问儿子："希望爸爸离开你吗？"孩子摇头，"那就去给爸爸认个错吧"。这时，孩子慢慢地移动着步子，然后对爸爸说："爸爸，我错了。"可以说主持人文燕在这一段提问中很好地把握了嘉宾的心理变化，从而使观众在节目中收获了顺应伦理、父子重归于好的一幕。

当我们对谈话对象的资料进行收集、整理及分析，厘清了谈话的要点，明确谈话的主旨后，我们就需要将问题设计出来。当然，用所有的背景以及资料来草拟谈话方案是我们进行沟通的指南。方案越清晰越周密，沟通起来就越顺利，尤其对于谈判者以及访谈节目主持人更是如此。

以下四个技巧能够帮助我们设计出清晰、周密的方案：

1. 提问之前先寒暄

在设计提问的时候，我们需要把一些容易切入的问题放在前面，以自然的方式让对方进入状态。尤其是遇到陌生人的时候，刚开始交谈，他们都会显得比较窘迫、紧张不安。这时我们可以与对方聊聊天气等比较轻松的话题，缓和消除对方内心的紧张和恐惧感，为接下来的深入沟通做好铺垫。

2. 注意问题之间的关联

问题与问题之间一定是有着逻辑上的关系的，应该逐层递进，逐层深入。这样我们不用过多的言语就能从对方回答问题的答案中领会问题的实质。如果问题之间的逻辑是混乱的，我们就很难明白问题的主旨了。另外，问题的大小、难易程度要合理搭配，张弛有序，节奏明快。通过一问一答形成良好的节奏感烘托出轻松欢快的气氛。

3. 善于寻找共同话题

在沟通过程中，我们要善于发现自己与对方的相似点，比如，相似的经历、相似的爱好等，并以此作为切入点来赢得对方对自己的好感，以增加双方的亲切感、认同感。在面对面交谈的时候，我们要面对不同身份、不同背景的沟通对象，只有用心地找到每一位的契合点，我们才能给对方宾至如归的感觉。

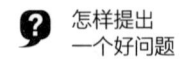

4.准备一些开放式的问题

在提问过程中,我们可以准备一些开放式问题让对方有发挥的余地,也让自己能及时地从对方的言谈中发现新的线索,并紧紧地"揪"住在谈话中不断涌现出来的这些新线索。另外,潜意识里要有"质疑"的精神。曾任中央电视台《面对面》主持人的王志在采访新闻集团董事长兼首席执行官鲁伯特·默多克时,就充分展现了他质疑的个性。

王志:"您到底能给中国观众带来什么?"

默多克:"就希望带给他们很好的娱乐,给他们带来惊奇,带来快乐……当然我们会尊重中国人的文化、中国人的兴趣。"

王志:"中国对你来说是一座金矿吗?"

默多克:"不,我们不是来掠夺中国的资源的,我们是为中国做某种贡献的……"

如此质疑就使问题的本质更加清晰地呈现出来。

提问之前做好万全准备

俗话说:"凡事预则立,不预则废。"我们在提问之前还应该做好准备工作,这样在提问时才能应付自如、游刃有余。在日常沟通中,许多能说会道之人,说起来头头是道、侃侃而谈;有的人却吞吞吐吐,磕磕巴巴,词不达意。为什么会出现这样的差别呢？这就在于说话者是否做好了准备。有针对性的提问前期准备包括了解说话对象，收集相关资料，明确自己的主旨，制造说话机会，设计提问细节等。正所谓"知己知彼，百战不殆"，对于提问而言，也是如此，做足了准备，你才明白自己可以问得更好。

一位著名的访谈节目主持人曾经说道："这是一个信息资源共享的年代，而访谈类节目在播出的时间与事件发生的时间上远远不及新闻、平面媒体以及网络传播的及时性。所以我们前期不仅要熟悉当事人的经历、职业、专业特长、文化素养，还需要了解他的性格、爱好、家庭、语言表达状况等。"

我们都知道，访谈类节目主持人通常在节目录制之前是不与被采访的嘉宾见面的，而在节目进行的过程中主持人呈现出来的沟通状态是和被采访的嘉宾就如朋友一样聊天，这样的交流才可以引起观众的共鸣，同时也可以让采访者进入一个非常好的聊天状态。访谈类节目可以体现主持人的风格。面对同一件事，同一个采访对象，不同的主持人会从不同的角度提问，假如人云亦云，那访谈类节目主持人就会失去这个角色赋予他的独特魅力了。

如何问出新颖的问题呢？

对此，这位著名的主持人说道："主持人要对自己收集的资料进行广泛的了解，然后通过不同的角度分析得出自己的见解。即对各种材料不应满足于现象的罗列、堆砌，而要消化材

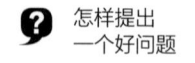

料、研究材料，可以保持清醒形成观点，这是资料准备中更关键的一步。主持人通过大量收集材料对所要采访的对象做到心中有'货'，与采访对象就有了共同话题，有了沟通心灵的基础，有了平等对话的位置，这样就可以避免在实际访谈中泛泛而谈，而访谈的内容也更深入更新颖。当然，唯有如此，才能使人物专访重在对人物内心世界的关注，其精神品格、人生感悟、赢得成就的心路历程、人物的独特风貌都将给观众以生动感人的启迪。"

在生活中，许多人都有这样难堪的经历，有时候一些问题不是出于本心，但偏偏一不留神就问了出来。然后我们就开始后悔自己为什么口无遮拦，紧接着给对方道歉。举个例子，某位女士在一次同学会上，明明知道同学的公司因金融风暴陷入了危机，但她却这样提问："你的公司最近还顺利吗？"真是哪壶不开提哪壶，话一出口，她就后悔了，但是已经改变不了让同学情绪不佳的现实了。

所以，我们在提问之前，一定要多想想应该问些什么，不应该问些什么。我们事先做好准备，就不会发生案例中这样的事情。

一位著名主持人曾总结："在每次访谈人物之前，我都会努力地去收集对方的资料，越详细越好。对资料熟悉之后，我就会试着提出几个问题，然后自己站在受访者的角度来回答这个问题，这时正好可以将不好的一些问题删除。这样在删除或增加之后，问题就更加丰满了。而且在练习的过程中，我对这些问题都非常熟悉，自然可以在采访时做到胸有成竹。"

那么，在日常生活中，我们应该如何做好提问的准备呢？

1. 你想问什么

首先我们需要明确自己的提问目标，包括最大的目标、期望目标以及可以接受的目标。比如这次沟通你准备向对方提出什么问题，准备从哪个角度切入这个问题，先提问什么，后问什么，这两个问题怎么连接起来。

2. 逐层提问

提问是有先后顺序的，要逐层深入，由表及里，这样我们才能胸有成竹地提问，并成功将对方的思路导入我们所希望的方向。假如你东问一句，西问一句，不仅会导致自己毫无头绪，也会使对方摸不着头脑，结果就会影响整个沟通过程。

3. 收集对方的详细资料

资料收集是双方的，我们既要收集对方的资料，也要收集自己的资料。比如，销售员在推销产品的时候需要更为详细地了解自己的产品信息、介绍资料、评估资料以及各种文件等，掌握了产品的相关信息，再收集客户的性格、爱好等基本信息，这样就可以有的放矢地提问了。

4. 选择合适的时间和地点

在日常沟通中，我们尽可能避免选择对方心情不佳或繁忙的时候提问,当然,自己也要保持良好的精神状态。此外,我们还需要选择合适的地点,因为每个人在自己熟悉的环境里会感到更舒适、更坦然、情绪更好,所以我们要选择双方或者自己比较熟悉的地方。

第05章

提问秘诀，有效提问让对方多说

影响别人有很多种方法，引导式提问就是其中的一种。可以说，引导式提问是沟通过程中不可缺少的提问技巧之一，它通过询问回答者一些预先设计好的问题，引起对方进行某种反思。比如，孩子要去郊游，妈妈会提出这样的问题：有没有带纸和毛巾？有没有什么落下的？前一种问法不需要孩子多想马上就能回答，后一个却需要想一想，而且不能简单地用"有"或"没有"来回答。

引导对方谈论自豪的事情

　　正所谓"酒逢知己千杯少,话不投机半句多",在生活中,每个人都有自己喜欢听的话和不喜欢听的话,与人交往的过程中,假如我们谈论别人喜欢的话题,往往会让对方感觉我们很贴心,从而达到我们的目的。事实上,每个人或多或少都会有自以为很得意的事情,至于这件事是否真的有价值,那就另当别论了。不过,至少在当事人看来,这就是一件非常有意义的事情。在沟通过程中,假如我们通过提问让对方谈论自己得意的事情就等于给对方一个很好的表现自己的机会,从而使沟通活动成功进行。

　　有一年,欧洲举办了一场盛况空前的少年学术科技大会。眼看着日子一天天临近了,但是一位少年的旅费还没有及时筹集到。罗曼森负责此次科技大会工作,他为了这件事情不得不每天东奔西走,但情况毫无进展。最后,他只好厚着脸皮去拜访一家大公司的董事长,希望对方能够出资援助。

　　在去见这位董事长之前,罗曼森在报纸上曾看到一则有关这位董事长的事情。据说这位董事长中了一张一百万美元的彩券,同时将兑现的彩券支票放在玻璃柜子里,并挂在墙上。当罗曼森去拜访董事长的时候并没有马上进入正题,而是提出:"董事长,听说你有一张受人瞩目的彩券支票,可以让我见识一下吗?"董事长听完十分高兴,便带他去看。罗曼森一边看,一边问:"你当时是怎么获得彩券的?"他打听着这张彩券的中奖故事,却一直没有说自己请求的事情。

没想到,这位董事长反而主动问他:"今天你来这儿有什么事情吗?"罗曼森一听就知道机会来了,然后他委婉地说出了自己的请求。幸运的是,这位董事长一口答应了他的请求。本来罗曼森只决定派一位少年代表去欧洲,结果在这位董事长的帮助下,有5位少年和罗曼森同行去欧洲,而且这位董事长还开出一张一千美元的支票让他们在欧洲逗留一个星期。

从这件事以后,这位董事长一直非常支持少年学术界的各项活动;而罗曼森也通过这位董事长结识了不少富人。经过一番商量,这些富人便准备筹资建立当地最大的一所少年科技中心。

威廉·詹姆斯曾说:"人类本质里最殷切的需求是渴望被肯定。"而潜意识里的赞美就是一种更加直接和深刻的肯定,因为赞美满足了人类的本质需求,所以会受到别人的欢迎。假如你希望人际关系更加和谐,那就通过提问从对方最值得骄傲的事情谈起来满足对方被肯定的需求。

如何自然地引导对方谈论自豪的事情呢?以下三个技巧要注意:

怎样提出一个好问题

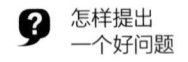

1. 提问之前做足功夫

如同罗曼森一样，在向对方提问之前，我们需要做好资料的收集，比如，对方值得骄傲的事情，对方得意的事情等。这样我们在实际沟通中才能从细微处着手，说到对方最值得骄傲的事情上去，否则无的放矢，只会起到相反的作用。

2. 提问时态度真诚

在实际沟通中，我们向对方提问时要保持真诚的态度，举止大方。假如我们可以做到这些，那双方的交际就有了一个很好的开头，这无疑为后面交际的良性发展打下一个很好的基础。假如我们通过提问，让对方说出自己值得骄傲的事情，或由我们去说出对方的骄傲事情，那么对方肯定就会对你大有好感。

3. 提问后适时赞美

我们必须明白，满足对方心中的骄傲，对其进行适时的赞美也是人际交往中必胜的法则之一。只有对方感到快乐舒畅了，我们才算成功地迈开了交际的第一步。时间长了，我们自然可以顺利地融入对方的圈子。

请教式提问，给予对方尊重

在生活中，我们经常听到诸如此类的请教式提问"你的手工做得太好了，怎么做出来的，能教教我吗？"如此别具一

第05章
提问秘诀，有效提问让对方多说

格的赞美方法就是请教式提问，什么是请教式的提问呢？顾名思义，请教式提问就是针对对方擅长的某些方面，而话语中带着请教的意味的提问方式。这种提问方式承认了对方的优秀并且将其摆在了"老师"的位置上。而大多数人听到请教式的提问，虽然表面上不作声，但其内心却早已兴奋异常了。

另外，请教式提问能更容易让对方接受，让对方体现出自己的价值，从而心中产生某种成就感。这样的提问方式大多适用于下属对上级、学生对老师、晚辈对长辈的关系中。由于对方身上有自己不具备的一技之长，遂以请教的提问方式表达自己的仰慕之情，在这个过程中，对方往往能在请教式提问中答应自己的请求，或者他们有可能会主动帮助你渡过难关。

美国的一家化妆品公司曾有一名优秀的"推销冠军"。有一天，他还是和往常一样把公司里刚出的化妆品的功能、效用告诉顾客，然而，对方并没有表示出多大的兴趣。于是，他立刻闭上嘴巴，开动脑筋，并细心观察。突然，他看到阳台上摆着一盆美丽的盆栽，便说："好漂亮的盆栽啊！平常似乎很难见到，这是你自己种的吗？"

女主人来了兴致："你说得没错，这是很罕见的品种。同时，它也属于吊兰的一种。它真的很美，美在那种优雅的风情。"

"确实如此。但是，它应该不便宜吧？"

"这个宝贝很昂贵的，一盆就要花700美元。"

"什么？我的天哪，700美元？那每天都要给它浇水吗？

> ? 怎样提出
> 一个好问题

我一直很喜欢盆栽,但却对此一窍不通,我能向你请教,你是如何培育出这样美丽的盆栽的吗?"

"是的,每天都要很细心地养育它……"女主人开始向推销员倾囊相授所有与吊兰有关的学问,而他也聚精会神地听着。最后,这位女主人一边打开钱包,一边说道:"就算是我的先生,他也不会听我嘀嘀咕咕讲这么多的,而你却愿意听我说了这么久,甚至还能够理解我的这番话,真的太谢谢你了。如果改天有空,我会乐意向你传授种植兰花的经验,希望改天你再来听我谈兰花,好吗?"女主人爽快地接过了化妆品。

通过向女主人请教关于盆栽的问题,销售员激发了女主人的谈话兴致。而且,在交谈过程中,销售员一直以请教式提问来夸奖女主人,使得女主人的心理得到了极大的满足。说到最后,没等销售员开口,女主人就主动掏钱购买了化妆品,还发出了"希望改天你再来听我谈兰花"的邀请。足以见得,请教式提问所产生的良好效果。

这段时间,小雨跟她的一个朋友学会了十字绣。她利用业余时间绣了一对在丛林中飞舞的蜻蜓。同事看了她绣的十字绣很惊讶,那形象的花草、舞动着翅膀的蜻蜓非常逼真,同事由衷地赞美:"哎呀,小雨,你太了不起了!你这是怎么绣出来的啊?"小雨笑了笑。同事看得出她对自己花费了不少时间绣出来的作品很自豪,同事真诚地说:"看你绣得这么漂亮,我也想学习一下,你能教教我吗?"小雨点点头,开始手把手地教同事如何绣十字绣。

同事那儿句请教式提问恰到好处地温暖了小雨的心灵，融洽了彼此之间的关系。可以说，请教式提问是一种非常有效的提问方式。先给他人戴上了一顶"高帽"，再虚心地请教，想必，一个再倨傲的人也会被打动，这样一来，自己所请求的事情自然就能够办成了。

日常生活中，我们也可以注意以下三点，做好请教式提问。

1. 满足对方的心理

在生活中，每个人都有"好为人师"的心理，所以，在许多时候放低姿态，有针对性地请教对方，以自己的普通凸显对方在某些方面的高明和优势，可以间接起到赞美对方的作用。恰到好处地使用这种方式既成功地赞美了对方，又可以给对方留下虚心好学的良好印象。

2. 请教式提问既请教又鼓励

其实，请教式提问不仅仅重在请教，还重在其体现出的一种鼓励的意味。当然，这样的一种提问方式不局限于下属对上级，很多时候，上级为了鼓励下属也可以向下属发出"请教式提问"。

3. 放低自己，抬高对方

在日常生活中，许多家长更是将请教式提问当作了一种很好的教育方式，以此来鼓励小朋友。有时候，我们在求人办事的时候不妨放低自己的身价，虚心请教提问，再说几句赞美之语，说不定能取得良好的效果。

适时提一些对方喜欢的事情

著名口才大师卡耐基说:"即使你喜欢吃香蕉、三明治,但是你不能用这些东西去钓鱼,因为鱼并不喜欢它们。你想钓到鱼,必须下鱼饵才行。"简单地说,当我们在与对方进行语言交流的时候,我们需要"忘记"自己的兴趣与爱好,用对方的兴趣爱好来提问,这样会使彼此之间的沟通更加顺畅。在沟通过程中,提问谈论对方的兴趣与爱好能让对方感觉到受重视、受尊重,有利于赢得对方的好感与信任。许多人习惯于谈论自己的兴趣爱好,从来不考虑对方,这样的人永远不会得到对方的认同。所以,赢得对方好感与信任的诀窍在于用他人的兴趣与爱好来提问,谈论他最喜欢的事情,让对方多说。

三国时期,邓芝受命出使东吴。他到了东吴,孙权对他很怀疑,因此不肯接见。过了两天,邓芝给孙权写了一封书信。孙权一看,只见书上写道:"臣今到此,非但为蜀,并且为吴。若大王不愿见臣,臣就走了。"孙权犹豫不定,一些大臣也都想刁难一下邓芝。后来,孙权采纳了张昭"先给邓芝个下马威"的意见,在殿前放一个沸腾的油鼎,命武士各执兵器,站立在两侧,召邓芝觐见。

邓芝听孙权召见他便从馆舍出来,毫无惧色,昂首走入大殿。邓芝进入殿内,就对孙权说:"我特为吴国利害而来,大王却设兵置鼎,以拒一儒生,可见大王度量太小。"孙权听后觉得很惶愧，忙令人赐座。邓芝问道："大王欲与魏和呢，还是与蜀和呢？"孙权说："孤非不欲和蜀，但恐蜀主年幼国小，不足敌魏。"邓芝侃侃道："大王为当世英雄，诸葛亮亦一代豪杰。蜀有山险关隘，吴有三江，若互为唇齿，进可兼并天下，退可鼎足峙立。如大王甘心事魏，魏必然会征大王入朝，索王子做质子，一不从命，便起大兵讨伐，那时蜀国再顺江东下，臣恐大王两面受敌，江东之地不能复有了，请大王熟思！"为赢得孙权的信任，邓芝又说："若大王以为愚言是不可取的谎言，吾愿立即死在大王面前，以杜绝说客之名。"说着，撩起衣服，就装作向油鼎跳去。孙权忙令人将邓芝拦住，请入后殿，以上宾之礼相待。

"大王欲与魏和呢，还是与蜀和呢？"邓芝的这句提问透露出蜀国因地势险要而有一定"利用价值"的信息，"诸葛亮亦一代豪杰，蜀有山险关隘，吴有三江，若互为唇齿，进可兼并天下，退可鼎足峙立。如大王甘心事魏，魏必然会征大王入朝，索王子做质子，一不从命，便起大兵讨伐，那时蜀国再顺江东下，臣恐大王两面受敌，江东之地不能复有了，请大王熟思"。而这正是孙权所最关心的事情，所以最终邓芝成功地说服了对方。

想要实现沟通目的，以下四个技巧要勤加练习：

1. 从对方的兴趣谈起

每个人都有自己的兴趣爱好，而这一兴趣爱好往往是自己引以为傲,或者是最擅长的一方面。通常来说,你如果能把问题巧妙地引到对方的兴趣爱好上来,那一定能够消除对方的陌生感,激起对方谈话的兴趣。所以,你不妨先问明陌生人的兴趣爱好,再循趣生发,顺利地转入正式话题。

2. 巧妙提问

你在与陌生人交谈的时候可以先巧妙地提问,对他有了一定的了解之后再进行有目的的交谈,这样能够使你们的谈话顺利地开展并进行下去。比如,你在宴会上遇到陌生的同桌,你便可以询问一下对方:"您和我们的总经理是亲戚呢,还是朋友?"不管对方回答的是哪一个,你都可以继续你们的话题交谈下去。即便是对方与总经理的关系不是你所说的这两种,你也可以与对方进行另外的交谈。

3. 即兴而起

有时候,你事先准备的问题也许并不适合坐在你对面的陌生人,那么你不妨即兴另起一个话题。你可以巧妙地借助你们谈话的时间、地点以及人物作为话题的材料来引发交谈。比如,你对在路边支摊的妇人说:"这天气转凉了,出来逛的人也越来越多了,你们这生意好了吗?"这样一句话,就可以引来她向你讲述在外面摆摊那种露宿街头的艰辛生活。

4. 先从对方谈起

当你面对一个陌生人的时候,你不妨通过提问先从对方身上展开话题,你可以解析一下对方的名字,或者赞赏一下对方今天的穿衣打扮，或者赞美一下对方的亮丽外貌。这些都是可以从对方的第一次见面就能获得的信息，你可以充分地利用这些信息引起对方谈话的兴趣。

妙用设问与反问，提出绝妙问题

为了提醒、强调讲话内容来引起对方注意，增强语言表达效果，有时我们需要在沟通中进行自问自答，巧妙运用设问、反问与对方形成互动，调动他们积极思考问题的激情、热情。

设问能够产生悬念，吸引人的注意力，引发对方思考。如果设问运用得好就会使说话极具说服力和感染力，产生让人无法辩驳的说理效果。常用设问还能帮助讲话者抒发情感，曲折含蓄地表达出某些不便明言的信息。比如，有人在说话时这样说道："什么是龙头？龙头就是标杆，就是参照，别的都要服从，都要以此为标准，必须将认识进一步统一到这个总的指导思想上来。"这就是一个典型的自问自答。

我们在使用设问时切忌提一些无关紧要、众人皆知或者缺乏震撼力的问题，也不需要使用得太过频繁。设问的运用关键就在于为说话内容设计几个比较醒目、巧妙而又有分量的问题，给听众一种好奇感，激发他们对答案的期待，然后自己作答，娓娓道来。

反问则是不需要回答的问题，答案就在问话之中，就是对问话的否定。反问的运用可以表达出非常激烈的情绪，最适合运用在热情奔放、情绪激昂的场合。一连串设计巧妙的反问句能使发言具有非常强烈的气势，具有极大的震撼力与感染力，让听众听后情绪高涨，热血沸腾。

帕特瑞克·亨利在弗吉尼亚州议会上的一段演讲：

"回避现实是毫无用处的。先生们会高喊：'和平！和平！'但和平安在？实际上，战争已经开始，从北方刮来的大风都会将武器的铿锵回响送进我们的耳鼓。我们的同胞已身在疆场了，我们为什么还要站在这里袖手旁观呢？先生们希望的是什么？想要达到什么目的？生命就那么可贵？和平就那么甜美？甚至不惜以戴锁链、受奴役的代价来换取吗？"

一连串的反问，好似连珠炮不断地轰鸣使得整段演说激情飞扬，气势雄劲，激愤之情感染了下面每一位听众。卡耐基曾经说过："如果想说服别人，最好的办法就是举出例证反其问之，因为反面的例子比正面辩驳更具有说服力。"所以，需要说服别人的时候，你不妨采取反问的手法，举出一个反面的例子来进行有力的说明。

有一次，拿破仑对他的秘书说："布里昂，你知道吗？你也将永垂不朽了。"布里昂开始不解拿破仑的意思，拿破仑解释说："你不是我的秘书吗？"布里昂明白后，笑了笑说："请问，亚历山大的秘书是谁？"拿破仑回答不上来，赞扬道:"问得好!"

布里昂明白了拿破仑的意思,虽并不寄希望于依靠拿破仑的名气扬名,但是他仍不忘作为秘书对主帅的尊重,所以采用表面请教,实际上采用了反问的方式:"请问,亚历山大的秘书是谁?"这证明了大前提的不可靠性,也使拿破仑的结论不攻自破。

在日常沟通中,如何用好设问呢?

1. 利用设问激发听者的兴趣

即提出一个问句,紧跟着说一个答句。这种设问可以快速集中对方的注意力。富有趣味性的设问往往可以引起听者的兴趣,使其情绪保持愉快的状态。在实际沟通中,所提问题应角度新颖,富有启发性,这样可以引起听者的兴趣和注意。

2. 典型的设问句式

设问名的类型除了一问一答,还有几问一答,连续问答。其中,几问一答即先集中提出一连串设问句,然后加以回答。这种设问可以增强论辩力量,引人深思。比如,"啊,是谁,这么早就把那亲爱的令人心醉的乡音送到我的耳畔?是谁,这么早就用他那吱吱哇哇的悦耳动听的音乐唤来了玫瑰色的黎明?是一个青年人。"

连续问答即连续使用一问一答的方式。这种设问可以造成一种步步紧逼、势不可挡之气势,具有强大的论辩力量。

用对反问，表达自己的意见

反问是为了加强语气抒发感情，用疑问的形式来表示充分肯定的意思的一种修辞方法。在日常沟通中，我们时常采用这样一种修辞的提问方式。通常情况下，反问句的答案包含在问句当中，不需要解答。一般来说，从肯定方面反问，结论是否定的。例如，"不用心学习能取得好成绩吗？"这句话从肯定方面反问，结论是否定的，表示"不能取得好成绩"；从否定方面反问，结论是肯定的。再如，"这样用功还不能取得好成绩吗？"这句话是从否定方面反问，结论应是肯定的，表示"能取得好成绩"。

某广告公司策划了一次宣传活动。为了给宣传活动造势，他们打算请一位明星来代言。但是，明明已经签订了合约的经纪人却以档期已满为由拒绝出席此次宣传活动。眼看宣传活动马上就开始了，广告公司不得不放出狠话："如果现在咱们不能达成协议，新闻界就会坚持把整件事情的内幕刊登出来。到了那个地步，我也不知道怎样才能合法地把新闻压制下去。对此，你有什么高见呢？"

利用对方的"软肋"给予对方适当的压力，适时反问会令对方更快速地作出决定，让对方在压力之下不得不答应你的请求。如果我们想影响他人的心理，我们必须首先了解对方这个人。了解对方的最关键在于了解其"软肋"所在，在他们心中有何种欲念,他们有怎样的性格特征。然后,我们再根据对方的性格寻找其弱点,用他们的喜好去诱导他们,这样就可以达到我们的目的。

春秋战国时期有两个大国,一个叫齐,一个楚。有一次,齐国派他的大臣晏婴出使楚国。楚王很傲慢,他想让晏婴当着众人的面出丑,于是事先与手下的人商量好,设了一个圈套。

等晏婴到了楚国,楚王就请晏子喝酒。酒喝得正带劲的时候,忽然楚王手下的两个小吏缚着一个人来见楚王。楚王就故意问那两个小吏:"这被绑的是什么人?"那两个小吏道:"是齐国人,因为偷东西,所以把他捆来见大王,看如何发落?"楚王掉过头对晏子说:"你们齐国人大概都是善于偷东西的吧?"他想用这个方法侮辱晏子,进而侮辱齐国,以显示他的霸权地位。可是晏子却不慌不忙地回答:"我听说过有这样一个事实:橘树长在淮南就能结出甜美丰硕的橘子,可是长在淮北就只能结出又酸又涩的橘子。这是因为淮南淮北的水土不一样。今天,齐国人生长在齐国不偷东西,到了楚国就会偷东西了。莫不是楚国的'水土'能使人学会偷东西的吗?"晏子是一个能言善辩的演说家,楚王自然不是他的对手,于是只好甘拜下风,说:"对不起,您是一个有学问有德行的人,我不该跟您开这样的玩笑的,现在我反倒自讨没趣了。"

在这个案例中,晏子最后一句"莫不是楚国的'水土'能使人学会偷东西的吗?"用的就是反问句。结果,此语一出,赫赫威名的楚王在晏子的反问下，只得哑口无言了。反问句是用疑问的形式表达确定的意思，用来加强语气。"莫不是楚国的'水土'能使人学会偷东西的吗？"意思跟"楚国的'水土'能使人学会偷东西"意思差不多，但语气却要强烈得多。因此，反问句可以用来批驳错误的论调，从而更有力地阐明自己的观点。

萧伯纳的名剧《武器与人》首演时获得了极大的成功，萧伯纳应观众的要求来到台前谢幕。这时候，有一个人在首座高喊"糟透了"。对于这种无理的语言，萧伯纳没有怒气冲冲，而是微笑着对那人鞠了一躬，彬彬有礼地说道："我的朋友，我同意你的意见。"他耸了耸肩，又指着正在热烈喝彩的观众说道："但是，我们俩反对这么多观众又有什么用呢？"观众中顿时爆发出更为热烈的掌声。

萧伯纳并没有正面回应无礼者的言语攻击，而是用巧妙的反问躲过了对方的攻击。而且，无论是萧伯纳在发问时温文尔雅的举动还是那戏弄的言辞，都显示出一种平和的情绪。单单的情绪就能压倒对方。

在日常沟通中，如何用好反问呢？

1. 反问表达自己的观点

运用反问能够把自己的观点说明白，把自己的感情表达充分。例如，"这不是伟大的奇观吗？"这个反问句既表明了海上日出的确可以称得上是伟大的奇观，又赞美海上日出的壮观景色，赞颂大自然的神奇景象。

2. 表达自己的情绪

皖南事变后,周总理愤慨至极,挥毫写下"千古奇冤,江南一叶;同室操戈,相煎何急?"的题词,严厉谴责了国民党反动派破坏抗日的罪恶行为。其中,最后两句"同室操戈,相煎何急?"用的也是反问。真是千钧之力,表达了何等的义愤与沉痛之情。如果不是反问句,岂能表达这样强烈的憎恨鄙视的感情呢?

安慰式提问,拉近彼此距离

在我们身边有许多人渴望得到宽慰,有可能是失业的朋友,有可能是身患绝症的同事,有可能是正在经历婚变的大学同学,还有可能是患重病的亲人,等等。面对这些正在经历伤痛的人,我们能帮什么忙呢?对我们而言,目击他人的伤痛与不安是一件异常痛苦的事情,以至于我们经常会想办法解决它或者采取某些行动。然而,有的人不懂得宽慰对方,或者为了避免说错话,会选择什么都不说,然后就错失了表达关心的机会。其实,当朋友需要支持或者需要帮助的时候,我们应该尽可能地用言语去宽慰对方,通过有效提问积极安慰对方,帮助他们度过最伤痛的日子。这不仅是一种友善的行为,而且也会令对方心存感激,继而使彼此之间的关系更为亲密。

怎样提出一个好问题

美国有一个女孩名叫莉莉，因车祸而被压在车轮底下，此刻被撞翻的油罐引发的大火正在她四周呼啸燃烧。消防队员大卫见状，奋勇冲上前去抱住了莉莉。又痛又怕的莉莉不停地嚷："我害怕，别离开我！"大卫听罢强忍住灼伤，搂住她安慰道："你放心，我起誓，决不离开你，我们生死都在一起！"当其他消防队员用水龙头冲扫时，莉莉已神志不清，大卫禁不住大声同她"聊"了起来："莉莉，你爱看什么电视节目？你喜欢马吗？等我们出去以后，我保证带你骑上我女儿的马！"奄奄一息的女孩喃喃道："我要是出不去了，告诉妈妈我爱她。"大卫却安慰她："你要亲口告诉妈妈你爱她，我保证过不离开你的，现在，你也该保证不离开我！"经过40分钟的抢救，由于大卫不停地说着各种分散对方痛楚的话，莉莉的心灵得以安慰，受到激励，小姑娘终于获救了。最后，内心充满感激的莉莉与大卫成了知心好友。

为了与即将昏迷的莉莉聊天，大卫抛出问题"莉莉，你爱看什么电视节目？""你喜欢马吗？"通过闲聊式的宽慰语言，莉莉的心灵得以安慰，内心受到激励的她与死神作最后的抗争，最终赢得生命。有人说，宽慰一种巨大的力量。在那危急关头，大卫的宽慰之语成了莉莉生的希望，那话语给予了莉莉慰藉与鼓舞。宽慰的话语可以平息他人的创伤，而在这个案例中还有了起死回生的作用。

在心理学上有"言语暗示"这样的说法。因此，我们在安慰生病的朋友时，如果能够给予对方以心灵补偿的话，就有可能会促使对方的病情向好的方向转化，比如，"看来，你的危险期已经过去了，不是吗？"这样的宽慰之语会让对方获得一种心理上的满足感，缓解焦虑。

一个因丧妻而患严重忧郁症的老年男子对任何人的安慰都十分反感。一日，一个老朋友登门造访时却全然不提病情、疗法之类的事情，只是问："不知你是否想过，假如你先去世，而尊夫人还继续活着，那会是怎样一种情形呢？"这位男子脱口便道："噢，那对她来说太可怕了，她该遭到多么巨大的痛苦啊！"那老朋友听罢便继续开导："你看，现在她却没有这个痛苦，那是因为您的安然无恙才使她免除了痛苦。所以，现在你必须尽一份义务，付出一点代价，那就是以继续健康地活下去的决心为你心爱的人免除痛苦，这代价是值得的！"

"不知是否想过，假如你先去世，而尊夫人还继续活着，那会是怎样一种情形呢？"这样的假设问句让那老人心里豁然开朗，同时也令老人心中充满感激。人生在世，我们总会遭遇到诸多不幸。当我们健康幸福地生活着的时候，我们也不要忽视了身边朋友、同事以及亲人的伤痛，要适时为他们送上亲切的宽慰之语，用适时提问抚慰对方的痛苦，令他们心里充满感激。若他日我们有了什么困难，他们也不会袖手旁观的，这就是人情所在了。

适时适宜的宽慰之语无疑会成为抚平对方心灵的一剂良

药。下面我们就介绍几种合适的宽慰言语。

1. 同病相怜的宽慰之语

共同的话题是相通的纽带。宽慰对方的时候，我们如果能把自己曾经类似的遭遇说出来，就很容易产生"同病相怜"的效果了。比如，"去年，我也曾遇到过你这样的情形，当时我咬牙一挺就过去了，我想困难对于你来说，根本不算什么，对吗？"

2. 醒慰之言

对于一些深陷痛苦的人来说，一般的宽慰之语不能取得效果。这时候，我们的醒慰之言如果能够触及根本，促使对方从伤痛中幡然醒悟，这可以收到宽慰之效。比如，"听着，小王，我年纪比你大多了，我都熬过来了，难道你很差劲吗？"

3. 诙谐宽慰之语

有时候，宽慰语言并不是一本正经地表达某种同情，它也可以诙谐一点，这样所表达出来的效果会更贴切。比如，安慰失恋的朋友，我们可以这样说："你是失去一棵大树，换来的难道不是一整片森林吗？"

第06章

社交提问，快速让对方产生好感

> 在日常交际中，提问绝不仅仅是你问我答这么简单，如果认真研究，其中涉及心理学、社会学等诸多方面的知识。如果想修炼成为一个提问高手，我们要善于站在一个崭新的角度去审视提问的本质，从而掌握提问中真的要点和技巧。

提出对方想听的问题

心理学家认为，人和人之间的情感沟通产生于双方的共鸣。假如双方对同一事物有着相同或者相似的内心体验，就会产生共鸣。通常情况下，共鸣主要由两个方面组成：一是双方都感兴趣的话题，或对方想听的话；二是一方真心投入，用热情带动另外一方。当然，这种因沟通产生的共鸣也是符合吸引力法则的，满足感吸引更多的满足感。人与人之间的情感沟通决定着双方关系的亲密度，而情感沟通的要点就在于双方产生共鸣。

有一位年过花甲的老太太去参加一个聚会。她精心地对自己进行了一番打扮，头发纹丝不乱，项链耳环都是经过仔细挑选之后才戴上的，就连指甲上也仔细地涂上淡淡的色彩。或许是年纪太大的原因吧，满脸的皱纹和打颤的左手无法被掩饰。

有一位年轻漂亮的女士对这位老太太有些轻视，向同伴们低声笑道："看这位老太太的脸像核桃皮似的，还要打扮成这样，太可笑了吧？"她的伙伴们听到之后，肆无忌惮地在客厅之中大声地笑了起来。这位漂亮女士的评价固然是没有错的，却让当事人听了感到不舒服。

老太太微笑着走了过来,她对这位年轻的女士说:"漂亮的女士,实在是没办法,我已经患了帕金森综合征两年了,无论怎么打扮都不能掩饰现在的苍老和丑陋。"

漂亮的女士一时愣住了,不知道说什么好。她的心里在为刚才的失言而懊悔。

老太太又说道:"其实我知道我的装扮很显眼,但是我又不想怠慢和我见面的人。在我很小的时候我的母亲就教育我说要用合适的装扮表示对别人的尊重,这些年来我一直不敢忘记这条原则,因此也得到了朋友们的认可。"

漂亮女士愕然了,脸上有些发烫,对这位老太太也肃然起敬,诚恳地向她表示了歉意。两个人开始了友好的交谈,在聚会结束的时候,两个人好像相识多年的老朋友一样握手告别,依依不舍。

每一个人都希望得到正面的评价,而不愿意让人嘲笑。在这个案例中,漂亮女士就没有说出老太太想听的话。有着好口才的人会散发出一种让人无法抗拒的吸引力,这种力量却并不是漂亮的外表所能比拟的。在生活中,我们只会觉得漂亮的女士赏心悦目,却能将善于言谈之人深深铭记于心。漂亮的容貌只是外表,引起的不过是感性兴奋;而口才则是来源于内心,内在的东西才更能打动我们的内心。

我们每天都要和形形色色的人打交道,面对的脸色也是不尽相同的。上司的脸色也好，同事朋友的脸色也罢，我们都要擦亮眼睛去观察，做到心中有数。看清楚了对方的喜恶之色，我们才能做到"对症下药"。如果忽视对方的心情而我行我素，我们就不免陷入祸从口出的尴尬。在江海之中航行，顺风行船是很重要的；这样类比在人际交往中，我们也要注意避免顶风而上。无论对方是你手足般的兄弟还是知心换命的朋友，我们都不能因为彼此之间的过于亲热和熟悉而忽略察言观色的必要性。你哪怕有急事需要对方帮忙，也要缓一缓，等到对方的心情平和之后再去商谈，才能取得好的结果。如果对方正处在怨恨烦恼之中，你却不识相地凑上前去，对方很可能会迁怒于你，让你下不了台，甚至说出侮辱性的言语。

瓦莲金姆·列昂节耶娃是20世纪五六十年代苏联最著名的女主持人，她在全国人民的心中享有很高的声誉，这和她在电视主持中能够随机应变、应对各种突发现象是分不开的。

有一次，她主持少儿节目时，还没有开口，那只准备给观众们欣赏的鹅就大声地叫了起来，全场一片哗然，身后的电视台领导脸色也变了。这时候，瓦莲金姆·列昂节耶娃赶紧说了一句："小朋友们，你们听见了吗？咱们今天请的客人已经等得不耐烦了，那么节目就开始吧！"观众笑得前仰后合，领导们的脸色也由阴转晴，演出得以顺利进行。

还有一次，瓦莲金姆·列昂节耶娃邀请一个嘉宾向观众介绍摔不碎的玻璃杯。在事先准备的时候比较顺利，谁知在正式播出的时候却被她摔得粉碎，全场观众的脸上出现了鄙夷的神色，而嘉宾更是感到难堪。列昂节耶娃却不能把所有的罪过推卸给别人，她机智而又幽默地说了一句："看来发明这玻璃杯的人没考虑我的力气。"这句话让嘉宾很体面地下了台，也让全场观众发出了会心的笑声。

一个人的面部表情是其内心活动最真实的写照，能表现出这个人一定阶段的喜怒哀乐。透过人的表情我们就能准确地掌握出对方的内心波动和情绪变化，因此，在交际之中我们一定要学会察言观色的本领。不同的时间，不同的环境，每个人的心情也不尽相同，我们只有学会察言观色才能洞悉出一个人的内心世界，说出对方想听的话，获得别人的信赖和尊重。

朋友们，提出对方想听的问题也是有技巧的，下面一起看一下。

1. 想办法制造共鸣

产生共鸣的因素很多，有些是比较显而易见的，比如，对方的兴趣爱好、值得骄傲的事情；有些是隐藏的、需要进一步挖掘的，比如，对方的人生观、价值观、世界观等。只要我们善于倾听，留心观察，就一定能从对方的只言片语中找到共同的地方，想办法制造共鸣。

2. 给予对方满足感

在对方回答问题之后，我们可以从回答中找出有价值的信息，然后就不停地就这个信息询问对方，让对方感觉自己被重视，引起对方的共鸣，并给予他满足感。比如，"你刚才说到……能再多说一些关于这个的消息吗？""你是否帮我回顾一下，究竟发生了什么？""你能就你刚才提出的观点给我一个具体的案例吗？"

适时赞美，让提问更顺利

心理学认为，人们之所以对他人有好感，无外乎两种情况，一种是相似性，一种是赞美。相似性是指双方在生活习惯、观念思维等有雷同点，赞赏则主要来自语言的赞美。美国有一名学者这样提醒人们："努力去发现你能对别人加以夸奖的极小事情，寻找你与之交往人的优点和那些你能够赞美的地方，要形成一种每天至少一次真诚地赞美别人的习惯，这样，你与别人的关系将会变得更加和睦。"在日常交际中，要想建立良好的人际关系，恰当地赞美他人是必不可少的。

成功大师戴尔·卡耐基曾做过推销员，那确实是一段难忘的经历。当时，卡耐基对发动机、车油和部件设计之类的机械知识毫无兴趣，这使得他完全无法掌控自己推销产品的实质。

有一次，店里来了一个顾客，卡耐基立即走上去向他们推销货车，不过，他说的话却往往连货车的边都沾不上。顾客觉得卡耐基是一个疯子。这时，老板气愤地走过来，大声吼道：

"戴尔，你是在卖货车还是在演说？告诉你，明天再卖不出去东西，我会让你滚蛋。"这下，卡耐基着急了，因为丢失了这份工作意味着自己将无法生存了。于是，卡耐基立即说："老板，你是最仁慈的老板了，有了你，我才吃上了面包。你放心，我会好好干的，而且，瞧你今天穿得多精神啊！相信你今天的生意会一帆风顺的。"被赞美了几句，老板的气也消了，就不再说解雇的事情了。

在这里，卡耐基略显夸张的赞美"老板，你是最仁慈的老板了，有了你，我才吃上了面包，你放心，我会好好干"，话语里带着夸张的成分，好像如果没有了老板，自己将无法活下去似的。虽然，这样的赞美是夸张了点，但恰恰体现出老板对自己的重要性，而这正是老板所希望听到的。于是，在这样一句赞美的话之后，老板气也消了，再也不提解雇的事情了。从这里不难看出，在适当的时候，来一两句夸张的赞美也是很有必要的。

事实上，每个人都希望自己能受到别人的赞美，得到他人的肯定。但是，由于人与人之间交谈的时间并不多，而且人们普遍不善于发现他人值得赞美的地方，于是很多时候，一些问题就会出现：要么赞美不当，要么缺少赞美。其实，我们只要用心观察就会发现每个人身上都有我们值得赞美的地方。有的人很聪明，有的人很友好，有的人善良，有的人漂亮。我们要明白，即使一个人浑身上下充满了缺点，但是，在他身上依然有闪光点，而我们需要做的就是去发现这些闪光点，再逐一去赞美对方这些优点，这样才能很好地打动对方。

在生活中，我们要善于发现他人身上值得赞美的地方，并且发现了就要大声赞美，这样我们才能打动他人的心。而巧妙的赞美则要做好以下几点：

1. 从细节处赞美

那些有经验的人常常会抓住某人在某方面的行为细节，不吝赞美，这样就很容易赢得对方的好感。因为细节的赞美不仅能给对方带来心理上的满足，而且会增进彼此的心灵默契程度。你能观察到对方那些尚未被人发现的细节优点，就表明那些赞美是发自你内心的，如此自然而又真诚的赞美足以打动人心。

2. 挖掘他人身上的闪光点

每个人都有自己的长处，我们在赞美他人的时候，关键在于你是否"慧眼识珠"，能否发现对方身上的闪光点。有的人常常埋怨别人身上没有优点，不知道该赞美什么，其实，这恰恰说明了这类人缺乏发掘他人闪光点的能力。

3. 赞美的角度要新颖

每个人都有许多优点和长处，我们对他人的赞美要独具慧眼，善于发现对方身上的"闪光点"和"兴趣点"，从新颖的角度赞美，这样将达到事半功倍的效果。

以问题引起对方的兴趣

有这样一个故事：小A上中学时，有一天回家竟然看见妈妈正被一个男人殴打，他仔细一看，这个男人是妈妈的上司。情急之下，小A朝那个男人扑了上去，男人被扑倒了，后脑却狠狠地撞上了桌角，死掉了。故事讲到这里就停止了，可是不断有人问："妈妈后来怎么办呢？""小A有被发现杀了人吗？""后来怎么发展下去的？"很多人听了这个故事都会充满好奇，想知道后来怎么样了。对此，我们可以总结：人必须知道很多事情后来是怎么发展又怎么结束的，因为这是人从原始时代开始向同伴们学习生存之道的方法。每个人都有好奇心，而"悬疑式"说话方式则激发了大家想听下去的欲望。

著名节目主持人蔡康永说："勾引别人继续听你说话，就很像电视剧勾引观众继续看下去用的招式。"电视剧每播出一段，就要进一段广告，而且在进广告之前，画面会停止在最精彩的一刻：男主角赏女主角一记耳光，或者用已经扣动了扳机的手枪指着女主角，或者男主角被坏人打下了山崖。这些悬疑而精彩的故事情节，引发了观众的好奇心。想知道"后来怎么样了"的好奇心促使他们继续看下去。

小张是某家房地产公司的销售员，每天的工作就是带着不同的客户到不同的地方去看房子。刚开始的时候，小张的业绩几乎为零。后来，他开始学习提问的技巧，在不断的实践中，

怎样提出一个好问题

慢慢摸索出适合自己的提问方式，那就是让客户去提问。

这天，小张接待一个新客户，客户是一个典型的80后，比小张还小几岁。见到客户的时候，小张说："我像你这个年纪的时候，才刚来北京，从车站出来的时候，我看到高楼大厦，头晕目眩，不知道怎么在北京生存下来，这时我遇到了一个朋友。"说到这里，小张停顿了一下，没再说下去了，他知道客户一定会着急知道后面的故事。果然，客户问："后来发生什么事情了？"如预期的一样，这样的停顿成功地引发了客户的好奇心。小张说："后来，我在朋友那里借住了两天，在他的帮助下，找到了现在的这份工作。"客户回答说："原来如此。"客户似乎对小张的回答很是满意。小张说："像你这样年纪轻轻就能够买房的一定是非常有才能的人，你喜欢什么样的户型呢？"接下来，小张便陪着客户挑选户型，并成功地卖出一套房子，而且还和客户成了无话不聊的好朋友。

悬疑式说话方式取自于悬疑小说。悬疑小说是一种具有神秘特性的推理文学，可以唤起人们的本能，刺激人们的好奇心。无论是悬疑式说话方式还是悬疑小说，它们的目的都是给听者或读者留下悬念，让他们心中产生无数个"后来呢""主人公后来会怎么样"等疑惑，然后引领他们一步一步地揭开悬念。说话者可以通过对环境特定场景的描述引起读者的警觉，继而不由得为主人公的处境担忧起来，总想知道"后来怎么样了"，憋在心里的一口气要待到整个事件水落石出才能吐出。

第06章
社交提问，快速让对方产生好感

希区柯克，著名导演，其悬念电影大量闻名世界。其悬念电影比较注重故事的发展过程，注重渲染各种气氛，让观众以更为紧张的心理状态去关注主人公的个人命运，为他们的各种遭遇担惊受怕。由此可见，悬疑式说话最大的特色就是在于对环境气氛的渲染，它的目的就是让听者兴奋起来，愿意继续听你说的话。

悬疑式说话技巧并不深奥，其习得也有内在规律可循，你也可以跟着以下四点多加练习哦！

1. 巧妙设置悬念

悬疑式说话最大的特点就是设置悬念，注重调整叙述事情的顺利，注重渲染说话气氛，激发听者的好奇心。如果你对朋友说"今天我在商场看见了刘德华"，旁边的人一定会问"后来呢？"他们想知道你有没有跑过去要签名？刘德华本人帅不帅？刘德华去商场干什么呢？

2. 如何设置悬念

当然，设置悬念的具体方式有很多种：一是以环境叙述为悬念。"大年夜那天冷极了，下着雪，天快黑了，我看见一个小女孩光着脚走在街上"，这时候对方一定会问"这个小女孩是干什么的？""还下着雪，她怎么会光着脚？""大年夜，她为什么不赶快回家过年？"把人物放进这样一个典型的环境中，便紧紧地扣住了对方的心弦；二是以某场面或某一段情节为悬念。"周瑜施毒计，要诸葛亮10天造好10万支箭，诸

117

葛亮却说只用3天，还立下了军令状"，"诸葛亮后来成功了吗？"这样的问题会被自然地提出，引起对方继续听下去的欲望。

3. 中途停顿

悬疑式说话的另一大特点就是渲染气氛，这就需要调整语气，适时停顿。如果你像在读课文一样讲述某件事情，对方也许会听得昏昏欲睡。所以，当你向朋友转述一件事情的时候，在说了几句话或者描述了一个情节后，可以先停顿一下，看你朋友不会不问你"后来呢""然后呢"。

4. 如何练习悬疑式说话

要练习这种悬疑式说话，其实很方便。我们建议大家在叙述事情的时候，最好中途停顿，看朋友有没有追问"后来呢"。如果朋友这样追问了，那表示你的叙述事情的方式是吸引人的；如果你停顿了，朋友并没有追问，反而把话题转移开了，这表示你设置的悬念有偏差。这时候，我们也提议你可以换种方法，把同一件事用别的顺序再讲一遍，看你朋友这次会不会问"后来呢"？

以提问化解沟通的尴尬

在生活和交际场合中，我们从来不希望操纵别人，但是遇到产生分歧的事情而自己的见解又是正确的时候，我们就要懂得如何说服对方。只有俘获了对方的耳朵，我们才能让他心甘情愿地沿着你的思路思考问题。高明的说话者并不会在交谈之中滔滔不绝且毫无重点地卖弄自己的知识和学问，而是懂得抓住事情的关键所在，用三言两语化解危机，用一句问话就能击中要害，从而让对方进行深刻的思考，更加积极主动地按照你所说的思考和行动。

汉武帝是一个有着雄才大略的皇帝，在文治武功方面取得了很大的成就。但美中不足的是，他十分怕死，热衷于长生不老之类的学说，对相术之类的东西更是深信不疑。朝中的大臣十分反对他的做法，但又慑于他的权势而不敢言。

有一次，在朝会上，汉武帝对众大臣们说："相书上说，人中如果长到一寸的话，就能活到一百岁，我觉得这个说法很有道理。"群臣们沉默不语，东方朔却不由得笑了起来。汉武帝认为他是在嘲讽，顿时龙颜大怒，问道："东方朔，你是在嘲笑朕吗？难道朕说得不对？"

东方朔连忙从群臣之中走出来，跪在地上，对汉武帝说："启奏陛下，微臣并不敢嘲笑您，只不过是笑彭祖脸长罢了。"

汉武帝不明白是怎么回事，就问道："这与彭祖有什么关系？"

东方朔回答说："彭祖是上古时期最长寿的人，活到了八百八十岁，按相书上所说，那么他至少要有八寸长的人中，这岂不是说他的脸至少要长一丈吗?微臣想到长寿之人竟是这般模样,就忍不住笑了起来。"

汉武帝听罢,默然不语。从此之后再也不提相术之类的事了。

在大臣们看来十分头痛的问题,而东方朔用一句问话就解决了。这充分证明了这位言语诙谐的大才子是一个不折不扣的口才专家。他一句话击中要害,让汉武帝不再痴迷于相术。这种说话的方式比苦口婆心地劝说要强百倍。

无论是将错就错还是曲解词意的提问方法,目的都是转移对方的注意力,在最短的时间之内抹掉对方心灵上的不快,扭转尴尬的局面,从而将意外的紧张和不快迅速地转化到轻松欢快的场景中。

杨先生是山东人,正在和一个客户谈生意。由于是初次见面,杨先生一时间难以找到合适的话题,就开始东拉西扯地聊起了各地的风土人情。通过交谈杨先生得知客户是烟台人,顿时倍感亲切,有一种他乡遇故知的感觉。两个人的谈话中就很自然地多了几分热情,少了一些客套,二人的心情也放松了许多。

"中原地区是一个好地方,历史悠久,文化灿烂,有着很多的风景名胜,又是交通枢纽,更为难得的是民风淳朴,不像南方,南方尽管是发达地区,但是那里的人都有一种市侩气,尤其是南方的女性,虽然有过不少有名的人才,但是大部分人却失去了江南水乡的清纯，都很虚荣，成了地道的拜金主义者……"杨先生根据自己的经验如是说道。

没想到的是，客户的脸上呈现出不悦之色，并且有些生气地说："拙荆就是南方人呀。"

一下子，气氛尴尬了许多。杨先生意识到了自己的口无遮拦给对方带来不小的伤害。但是杨先生毕竟是交际场中的高手，见状赶紧说："夫人是南方人吗？实在是太巧了，我就是在南方出生的呀。"

尽管说谎不是好事，但是为了化解一下尴尬的气氛，善意的谎言还是可以理解的。杨先生这样就为自己对南方略有偏颇的理解找到了借口，然后又追加了几句南方人的优点："南方人追求金钱是有目标的表现，在生活上，性格细腻的女性最适合做终身的伴侣。"听完杨先生的话，对方就转怒为喜了。

我们与形形色色的人交往，时不时受点儿冲撞和冒犯也是正常的。这时候你采用什么方式去应对是对你处世水平的考验。在交际活动中，常常会有人说出一些让人感到惊讶或者气愤的话。他们怪异的言谈举止带来交际各方的误会导致了交际场合的尴尬。在这个时候，我们应该开动脑筋，用打圆场的提问，制造轻松的气氛，或者用擦边球的形式来强调言语唐突者的合理性，让各方都能有一个台阶下，达到"你好我好大家好"的目的。这样，你就会得到别人的感激和敬佩，获得良好的人际关系。

怎样提出一个好问题

在一次同学聚会上,久别重逢的同学们十分高兴,亲切地聊起了天。或许是酒喝多了的缘故,一个男士对着一名女士信口开河地说:"当初你追求我的时候,我拒绝了你。现在你是不是还耿耿于怀呀?"这本来是一句玩笑话,虽然有些过火,在同学聚会的欢快气氛中也是无伤大雅的。但是,这位女士可能是因为心情不好,听到之后竟然勃然大怒,指着那个男士大骂:"你神经病啊!你也不撒泡尿照照你那副德行,哪个人会瞎了眼追求你这种长相谦虚、心理龌龊的人?"她的声音很大,压过了别人的谈话。顿时热闹亲切的场景一下子冷了下来,大家都感到异常尴尬。这时候,另外一个女士站了起来,笑着说道:"多年不见,我们公主的脾气还是没变呀。她喜欢谁,就说谁是神经病,说得越是刺耳,就说明喜欢得越厉害,我说得没错吧?"这番话说完,大家就很自然地想起了美好的大学生活,不由得七嘴八舌地相互开起玩笑来,刚才的不快就像没有发生一样,一场风波就在短短的几句话中得以平息。

无论是在什么场合下,没有一个人愿意被别人刺伤面子,从而下不了台。但是,很多尴尬的场面出现。往往是事先难以预料的外在因素而导致。在别人的面子受到伤害的时候,你如果能够采取正确的方法,比如一个巧妙的提问给他一个台阶下,帮助他挽回面子,那么他就会对你感激不尽,打心里愿意和你交往。

提的问题要顺应对方的情感

有一则英国谚语说："要想知道别人的鞋子合不合脚，穿上别人的鞋子走一走就知道了。"也就是说，我们要想真正地了解对方，就需要站在对方的角度来思考。我们只有从对方的角度思考，才能投其所好，找到对方内心的情感需求，然后以这种情感为话题的切入点，逐层扩展，进行提问，直到能够以感情打动对方。根据科学研究显示，80%的人与你截然不同。也就是说，我们在向对方提问的时候，站在我们面前的这个人很有可能在思维、行动等方面都与我们大不相同，所以我们只有理解他们，提出打动对方感情的问题，才能达到较好的提问效果。

一个有着非凡口才的人之所以能够获得对方的感激，是因为他知道对方的内心需求，对对方的性格爱好也有深刻的理解。在言语上他也能表现出对对方的性格和爱好的深刻的了解，从而在言语之中表现出对对方的尊重和欣赏。会说话的人能够用语言把别人抬到很高的位置，既能让人感受到尊重，更能产生一种感激之情。

很多人在求人办事的时候有着坚持不懈的精神，却忽视了正确的方法，使用死缠烂打的方式。这样不仅把自己搞得筋疲力尽，还会在死缠烂打之中让别人产生厌恶的情绪，从而对他退避三舍，绕道而行。因此，我们不提倡软磨硬泡的方式，而应该从

怎样提出一个好问题

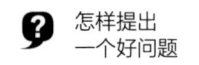

对方的兴趣入手来寻找共同的话题，最终与对方达成共识。

在20世纪80年代初，"引滦入津"工程因为炸药供应不足，面临着停工、延误工期的困难处境。负责这一工程的领导者心急如焚，于是派李连长到东北某化工厂，希望能得到对方的援助。李连长接到任务后，昼夜兼程千余里赶到化工厂供销科，可只得到"眼下没货！"这样一句答复，于是他连忙找厂长，可无论自己怎么劝说，厂长始终不为所动，硬邦邦地对他说："眼下没货，我也无能为力。"

这时，厂长劝李连长不要再磨了，并给他倒了一杯茶水。李连长并不死心，他喝了一口茶，就在这时，他脑袋里突然有了主意，于是开口说道："这水真甜啊！天津人可是苦啊，喝的是海河槽、各洼淀中集的苦水，不用放茶就是黄的。"这时候，他又瞥见厂长戴的是天津产的手表，于是说道："您戴的也是天津表？听说现在全国每10块表中就有1块是天津的，每4个人里就有1个用的是天津的碱。您是办工业的行家，最懂得水与工业的关系。造一辆自行车要用一吨水，造一吨碱要用160吨水，造一吨纸要用200吨水……引滦入天津，解燃眉之急！没有炸药，工程就得延期……"

李连长的语言很动情，同时也十分有道理。厂长理解了他的急切心情，便与他聊了起来，问："你是天津人？""不，我是河南人。"李连长说道，"也许通水时，我也喝不上那滦河水！"经过这一番对话，厂长被彻底说服了。只见他抓住电话立即下达命令:"全厂加班3天!"3天后,李连长拉着一车炸药胜利返程了。

一开始,无论李连长怎么劝说,厂长都不为所动。眼看自己这一次任务就要面临失败,这时候,聪明的李连长放弃了直接表达想法的方式,他知道自己再说下去,厂长肯定会恼火的,所以,他独辟蹊径,开始借题发挥起来,先是对茶水细细地评价一番,又说到了正在饮用黄水的百姓。然后,他看到了厂长手上所佩戴的天津手表,适时地以手表联系了天津的企业,阐述了水与工业的关系,一句"引滦入天津,解燃眉之急!没有炸药,工程就得延期……"不仅说得十分动情,而且也很有道理。厂长理解了他的心情,主动与他攀谈起来。经过一番对话,厂长折服了,而李连长也顺利完成了任务。

在交谈过程中,自己的话一旦不被对方所喜欢,或者自己的表演成了独角戏,那么交流就无法顺利进行下去了。作为谈话的一方,我们应该尽可能地避免冷场的出现,而应积极营造愉快轻松的谈话氛围,从对方情感入手,通过调动对方的情绪来活跃气氛。

风趣提问,营造愉快氛围

一位青年非常被贵族看重,因此为了可以和这位青年拉上关系，贵族便说："我有个女儿，十分优秀，想把她许配给你。"听了这句话，青年深深地鞠了一躬，回答说："我出身贫寒，能够攀附高门，当然非常荣幸，等我回家和妻子商量一下，怎么样？"当沟通出现障碍的时候，这位青年幽默地表达自己的想法，这样既不会得罪这位了不起的贵族，而且他所提的问题也会让这位贵族对他更加器重，虽然这位青年拒绝了他，但贵族不会生气，只是感到一种惋惜。可以说，幽默提问为沟通疏通了管道，得以让彼此之间的交流畅通无阻。在日常交际中，当我们与他人沟通的时候，难免会遭遇阻碍，这时我们假如幽默一下就可以为沟通疏通管道，让双方之间的交流更加和谐。

有一次，作家刘绍棠到一所大学演讲时，对于学生提出的各种问题，他都作了十分坦率的回答。

这时，有一位女同学递上了一张纸条，上面写着："既然文学要真实地反映社会生活，那你为什么总是唱赞歌，不唱悲歌呢？难道社会就没有阴暗面吗？"看到这样尖锐的问题，刘绍棠思索了一下，便向那位女生问道："你喜欢照相吗？"见那位女生直点头，刘绍棠反问道："你的脸既有光滑漂亮的时候，也有长疮疤不干净的时候，你为什么不在脸上生疮疤的时候去照相呢？"这样的反问引得周围的人都情不自禁地笑出了声来。

对于那位刻意刁难的女同学提出的问题，刘绍棠并不着急回答，而是提出一个对方感兴趣的问题，再进行适当的反问。在这个反问中，刘绍棠把文学作品的表达与年轻人的照相作类比，用幽默的语言把自己想要表达的意见融入类比中，让人在笑声中领悟，给人印象深刻。

约翰是一位著名的记忆专家，据说，他有一套独特的方法与听众打成一片。比如，他经常会在会议或演讲开始之前向来宾们一一问候致意，请教他们的姓名，再一一叫出每个人的名字。假如记错了，他就付5美元给那个他忘记名字的人。不过，通常情况下，约翰都不允许自己出错。对此，那些经常听他演讲的人对他的记忆力真是又困惑又佩服。

但是，有一次，他遇到了一点小麻烦。正在他演讲的时候，坐在大厅前排的一个小伙子不等他解释完培养记忆力的问题，就站起来大声说："约翰先生，你怎么会记住这么多名字呢？"约翰回答说："先生，我可以用三个字来回答你的问题——用、大、脑！"结果，那小伙子立即说了一句："那是我的想法，而你用的是什么呢？"

约翰差点被问倒了，不过，他毕竟是一个机智的人。他几乎毫不停顿地说："我说的大脑是指脚后跟，明白吗？脚、后、跟。"顿时，下面的听众笑得前仰后合。

当沟通的管道遭遇阻碍的时候，我们就需要想办法进行疏通让沟通继续进行。在这个案例中，假如约翰真的被问倒了，像一只木鸡呆站在台上，那么他这个记忆专家就要变成笑话了。

怎样提出一个好问题

在生活中，我们都有这样一个常识：当下水道遭遇阻碍物的时候，我们所想的办法是软化阻碍物，这样才可以疏通管道，使管道正常运作。在日常交际中，其实也是一样的道理，我们需要用一个特别的办法让对方接受这样的疏通管道的方式，而幽默恰恰是这样一个绝妙的办法。因为幽默，我们总是轻而易举地化解尴尬或难堪，让和谐的气氛重新回到我们身边。

第07章

谈判提问，适当提问赢得更多话语权

在谈判过程中，提问和回答是有效促进交流顺利进行的重要环节。那么，如何适当地提问以及灵活地回答对方的问题就是说话之道了。沟通是两个人的互动，也就是彼此交换想法和意见的过程。在谈判过程中，我们应该有效提问，巧妙地说服对方。

❓ 怎样提出一个好问题

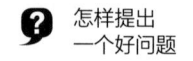

以提问消除他人的对立情绪

在商务谈判中，提问技巧经常是谈判者用来弄清某些事实，把握对方思想脉络，表达自己意见或调整自己谈判策略的重要方式。恰到好处的提问不但可以启发对方思维，激发对方的兴奋点，控制交谈言语的方向，同时还可以表达自己的感受，帮助自己获得新的信息和资料。这些在商务谈判中起着非常重要的作用。不过，谈判者提问必须问得恰当而有礼貌，充分体现出对对方的尊重，对方才会乐于回答你的问题，才有利于谈判的顺利进行。

提问的方式要委婉，语气要亲切平和，用词要经过大脑思考，不能把提问、查问变成审问或责问、咄咄逼人的提问，因为这样的提问容易给人一种居高临下的感觉，对方一旦产生了防范心理将不利于谈判。

我们在提问的内容和角度上需要慎重选择，既需要有针对性，同时也不要使对方为难。我们不要提一些让对方难以回答的话题，假如你提出的问题让对方面有难色或露出不悦的神情，那就必须追问而且需要及时地变换话题。而己方应该对需要向对方提问或核实的问题事先列好提纲，越详细越好，因为不做准备而贸然提问是不尊重对方的表现。

参加商业谈判时，双方立场明确、目的明确，都想压倒对方为自己争取利益，此时就不得不注意以下三个小细节，消除彼此的对立情绪。

1. 谈判时提问使用商务语言

我们在谈判时使用的语言必须坚持文明礼貌的原则，要符合商界的特点和职业道德的要求，不管交谈中出现什么样的情况我们都不能使用粗鲁、污秽的语言或攻击性的语言。而且用语必须清晰易懂，口语尽量标准化，不能用地方方言、黑话或俗语等与人交谈。

2. 注意提问的语调

在谈判时语言应注意抑扬顿挫、轻重缓急，避免挤眉弄眼、语不断句、大吼大叫等。谈判者应该通过适当的语调变化显示自己的信心、决心、不满、疑虑和遗憾等内心情绪。同时，谈判者要善于通过对方不同的语调来洞察对方的情感变化。

3. 提问时语言应当准确、严谨

尤其是在磋商的重要时刻，谈判者更需要严谨、精准的语言准确地表述自己的观点和意见。有时若是需要使用某些专业术语，谈判者则应以简明易懂的惯用语加以解释，所使用的所有语言都要达到双方沟通、保证谈判顺利进行为前提。在谈判过程中所使用的语言应丰富、灵活，因此对于不同的谈判对手，语言的使用也应有所不同。

> 怎样提出一个好问题

假如对方谈吐优雅，较有修养，己方语言也应非常讲究，做到语出不凡；假如对方语言比较朴实，己方用语也不要过多修饰；假如对方语言爽快、直接，己方语言也不必太过委婉。谈判者要善于根据对方的学识、气质、性格、修养和语言特点及时调整己方的语言，这是快速缩短谈判双方距离，实现平等商讨的有效方法。

提问得当，谈判才会成功

提问是引导谈判顺利进行的好方法，谈判者只有做到切中实质、有的放矢地提问才能达到预期的效果。在谈判过程中，任何提问都必须紧紧围绕着特定的目标展开，这是每一个谈判人员都必须记住的。所以，与谈判对手沟通的过程中己方的一言一行都要有目的地进行，千万不要漫无目的地脱离最根本的谈判目标。

小李是一位大型机械设备厂的销售员，他曾经5次打破公司的销售纪录，其中有3次他的个人销售量占全厂销售量的百分之五十以上，他是怎么做到的呢？小李说自己成功销售的秘诀就是常常进行有针对性的提问，然后让客户在回答问题的过程中对产品产生认同。

小李说自己在日常销售过程中经常会问这样一些问题：

您好！我听说贵公司打算购进一批机械设备，能否请您说明您心目中理想的产品应具备哪些特征？

我们公司非常希望与您这样的客户保持长期合作，不知道您对我们公司以及公司的产品印象如何？

您认为造成这些问题的原因是什么呢？

您可能对产品的运输存在着疑惑，这个问题您完全不用担心，只要签好订单，一个星期之内我们一定会送货上门。现在我想知道，您打算什么时候签订单？

我很想知道贵公司在选择合作厂商时主要考虑哪些因素？

您是否可以谈一谈贵公司以前购买的机械设备有哪些不足之处？

如果我们的产品能够达到您要求的所有标准，并且有助于贵公司的生产效率大大提高，您是否有兴趣了解这些产品的具体情况呢？

如果您对这次合作满意的话，一定会在下次有需要时首先考虑我们，对吗？

提问的类型是多种多样的，提问的重要作用在于可以引起对方的注意，为对方的思考提供既定的方向，从而可以获得自己不知道的信息、不了解的资料；可以传达自己的感受，引起对方的思考；可以控制谈判的方向，让话题趋向结论。

不过，在提问时我们还是需要注意几个问题：

怎样提出一个好问题

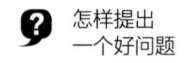

1. 掌控好提问的速度

提问时若语速太快容易让对方感到你不耐烦，甚至有时会感到你好像是在以审问的口气对待他，从而引起对方的反感。相反，假如说话太慢则容易让对方感到沉闷、不耐烦，从而降低了提问的力度。所以，提问的速度应该是快慢适中，既让对方听懂你的问题，又不至于让对方感觉拖沓、沉闷。

2. 给对方足够的回答时间

提问的目的是让对方回答问题，并最终收到己方满意的效果。所以，谈判者在提问时应给对方足够的时间答复。同时，自己也可以利用这段时间对对手的答复以及下一步的提问进行必要的思考。

3. 注意对方的心情

谈判过程中，谈判者需要尽量创造出一个融洽的谈判气氛。不过谈判者受情绪的影响在所难免，因此谈判者需要随时注意观察对手的心情并在对方看起来心情较好的时候提出相应的问题，因为在对方心情很好的时候，经常会轻易满足你所提出的要求，而且还会变得粗心大意，很容易暴露一些相关的信息，这时我们就可以抓住机会而有所收获。

4. 尽可能保持问题的连续性

在谈判过程中，双方都有各种各样的问题，不同的问题存在着内在联系。因此，在围绕着某一个事实提问时，提问者应该考虑前后几个问题的内在逻辑关系。不要正在谈这个问题，突然又提出一个与此无关的问题，让对方无所适从。而且，这种跳跃式的思维方式会分散对方的精力，让各种问题纠缠在一起，最后也理不出个头绪来。而在这样的情形下，你的提问自然不会获得对方的满意答复。

提出利害点，让对方更容易信服

商务谈判中一个重要的策略就是多听少说，而多听少说的一个关键技巧就是善于提问。毕竟"发问是商务谈判中的相互沟通的基本方法"。在商务谈判中，谈判者对谈判的关注也经常表现为发问。在大多数商务谈判中，提问是推动谈判层层深入的重要手段。比如，"我喜欢这种茶叶，多少钱一斤？""贵方报价高出我的接受能力，是否可以做些调整？""贵方是否愿意按低于市场价格25元一斤成交？"

通常情况下，提问可分为开放式和封闭式两种。开放式提问可以让对方在回答问题时不受约束，畅所欲言，经常被用于营造谈判氛围；封闭式提问，语言直接，明确具体，它常用于具体业务内容的洽谈。在实际谈判中，商务谈判中的提问又大致分为六种：一般性提问、引导性提问、探询性提问、澄清性提问、迂回性提问和借助性提问。

在《左传》中，记载了这样一个故事：秦国与晋国正在交战，结果秦国大获全胜，还俘虏了晋惠公。秦国答应议和，晋国当即派了阴饴甥前来谈判。

秦国国君说："晋国意见一致吗？"阴饴甥回答说："哪里会一致呢？小人们以失去自己的君主为耻，为自己的亲属伤亡而痛苦，这些人不怕征税修治甲兵的困难而拥立太子为国君，声称宁肯屈事戎、狄之国，也一定报这秦国之仇。而君子又明白自己的罪过，他们不怕征税修治甲兵的困难而等待秦国的命令，说宁死也不生二心，一定会报答秦国的恩德，所以，双方的意见不一致。"

秦国国君继续问道："晋国认为他们的国君的前途会怎么样？"阴饴甥回答说："小人们感到悲观失望，认为他不会被赦免；君子们相信秦国会宽恕，认为国君一定会回国。对此，小人们说：'我们加害过秦国，秦国岂能放国君回来？'君子说：'我们已经知道自己的罪过了，秦国一定会放国君回来的。'认罪了就放过他，没有什么比这更宽厚的恩德了，没有比这更威严的刑罚了，他们会怀念秦国的恩德。经过这次战争，大家都认为秦国可以做诸侯的盟主了，假如秦国不放我们的国君回来，不让他君位安定，就会把感恩的人变成怨恨的人，秦国不会这样的。"秦国国君听了，说道："这就是我的想法啊！"于是，对晋侯改用诸侯之礼。

在这里，阴饴甥所使用的就是诱导性提问，"哪里会一致呢？小人们以失去自己的君主为耻，为自己的亲属伤亡而痛苦……""小人们感到悲观失望，认为他不会被赦免；君子们相信秦国会宽恕，认为国君一定会回国。对此，小人们说：'我们加害过秦国，秦国岂能放国君回来？'"秦国虽答应议和，但对作为战败方的晋国来说，势头远远低于对方。但是，在议和的整个过程中，阴饴甥这位使臣却表现得临危不乱，不卑不亢，并以小人和君子作比喻，既表示"一定报仇"，又表示"一定报德"；一边为君王的前途担心，一边又对秦国寄予了厚望。如此，他不卑不亢地表现了晋国敢于抗秦的决心，同时，恰到好处地表现了愿与秦国议和的意愿。

融会贯通以下六种提问策略，让你像阴饴甥一样在严肃、重要的谈判环节脱颖而出。

1. 一般性提问

一般性提问就是一种普通提问，它只是为了获取信息，没有特别含义。比如，"宋先生，您是第一次来杭州吧？""假如发现产品质量有问题，我们该怎么办呢？""索赔时，我们只需要提供一份货单就够了吗？"

2. 引导式提问

引导式提问指提出一个新问题来引出一项新的谈判内容。比如，"很高兴我们已经就技术方面进行了很好的洽谈，现在我们开始谈谈产品，好吗？"在实际谈判过程中，有些引导式问句具有强烈的暗示性，要求谈判对方可以产生与我们相同的看法，但并不要求对方一定作出直接的回答。比如，"今天您先休息好吗？我公司副经理张先生今晚6点想邀请您共进晚餐。明天我们再开始洽谈业务。"

3. 探询式提问

探询式提问指在谈判过程中，在回答或处理对方所提问题或要求之前向对方提出问题以征求其意见和想法的提问方式。比如，"我们有各种各样的桌子，不知你对哪种产品感兴趣？"针对对方的叫苦而提问，探求其真实的想法和要求，比如，"那好，你认为什么价格才可行呢？"提出假设要求，借以了解对方虚实，比如，"那么，假如订货数量很大的话，你们可以降价多少？"

4. 澄清性提问

针对对方的表述、发问等某一内容向对方提问，要求其加以解释、说明。比如，"对不起，张先生，你说引进技术，这'技术'是指什么？"针对对方的表述向对方表明自己的理解，再向对方提问求证。比如，"平安险不包括由于自然灾害引起的单独损害，我这样理解正确吗？"

5. 迂回性提问

迂回性提问就是将我们的意见摆明，让对方在此基础上进行回答的提问。因其具有一定的强迫性，所以我们应特别注意语调要委婉，措辞要得体。摆明至少两种可能性供对方选择回答，这是一种选择性的提问方式。我方先假定对方的想法、建议、要求等是正确的，再提出一个与之相悖的问题，让其自感理屈，这是一种以退为进的提问方式。

6. 借助性提问

借助第三者的口气或借助第三者的意见而提出的问句。有的是为了委婉，以便于沟通；有的是为了借助权威，以增强说服力。比如，"李先生，听说你对我们的电子产品感兴趣，但我公司经营的电子产品种类很多，你具体对哪种型号感兴趣呢？""专家支持这种方式，不知贵方有何看法？"

晓以利害，顺势说服对方

在实际谈判中，我们经常运用提问作为摸清对方真实需要、掌握对方心理、表达自己观点从而通过谈判解决问题的重要手段。如何提问是很有讲究的，重视和灵活运用提问的技巧不但可以引起双方的讨论、获取信息，而且还能够控制谈判的方向。提问是谈判中经常运用的语言表达方式，合适的提问往往可以引导谈判者寻找很多机会，并打破僵局，促使谈判走向成功。有时候，我们可以通过提问晓以利害，顺势说服对方。

谈判是一个双方沟通的过程，为了避免沟通时出现障碍，保证顺畅、融洽，我们不妨在谈判中运用提问，即采用带有征求询问性质的提问来表达自己的要求，因为包含征求询问性质的问话是表示尊重对方的意思，最能博取对方的好感。

某男孩与女孩要结婚了，女孩决定操办一个豪华婚礼。男孩持不同意见却害怕直接表达会引起对方不满。于是，男孩给女孩算了一笔账："完全按照你的意愿，酒席32万元，新房装潢和家具等12万元，蜜月旅行、喜车、喜糖、鞭炮、礼品等二十几万元，加起来要六七十万元。"然后告诉对方："现在有12万元的存款，每月结余大概一万多元，一年大概存14万元。你看咱们是不是5年后，35岁积攒下存款再结婚？"女孩沉默了。"要不先贷款，然后再用5年的时间还贷？"女孩子也不满意。这时男孩趁势说道："35岁结婚太晚了，背着贷款也不舒服，你看咱们是不是实际一点，看看哪里可以节省点？"在几番带有征求询问性质的提问后，女孩轻易就同意了。

在实际谈判过程中，作为谈判者，我们需要认清这样一个问题，那就是在任何时候，当我们想要对方按照自己的思路走，我们首先要做的是放下自己的观点和思想，按照对方的思路走，然后趁机寻找到击破对方心理的空隙，这样我们才能达到自己的最终目的。

谈判中，双方需要了解对方的实力、要求，掌握各种有关对方的信息和背景资料。当对对方的情况不完全了解和对自己掌握的情况要求证实时，谈判者可以直接采用提问的方式，获取自己想要得到的信息。

第07章
谈判提问，适当提问赢得更多话语权

某客户准备为自己的饭店购进一些桌椅，于是，他和家具公司的销售经理谈判。

客户："我觉得那套棕色木质家具看起来比较大方，而且我一直比较喜欢木质的东西……"

销售经理："请问您的饭店大厅有多少平方米？"

客户："我的饭店有100平方米，买二十套这样的桌椅应该能放得下。"

销售经理："您看一下这套家具的宽度，放在100平方米的饭店大厅里会不会让剩余的空间太狭窄了，其实主要是我们这个展厅比较大，很多人一进来就相中了这套家具，实际上那套小巧玲珑的家具更适合现代餐厅布局的特点，而且价格也比刚才那套实惠很多。"

客户："你说得对，我还是买这套小一点的吧。"

这则案例中，这位销售经理并没有唯利是图，而是从客户的实际情况出发，及时通过提问提醒客户：购买贵一点的那套木质家具是不适合的。这位谈判者这样说会让客户从心里感激他，并觉得他是一个具备难得的品质的人。客户自然毫不犹豫地赞同这个谈判者的提议。的确，伟大的销售员总是在第一时间考虑客户的要求，晓以利害，顺势说服对方。一旦你掌握了这种方法，你的工作就能够更顺利地进行，并且你做成的不只是一笔生意，还赢得了一名忠实的客户。忠实客户给你带来的利益是不可估量的。

面对着号称"百万雄师"的曹军,孙权想与之决战,但又举棋不定。诸葛亮说:"曹军势不可当,不如投降算了。"孙权非等闲之辈,乃争强好胜、不甘居人之下的一代英才,听了诸葛亮的话,火一下子就蹿了上来,反问道:"那刘豫州为何不降呢?"诸葛亮说:"刘使君乃汉室之胄,雄才大略,英才盖世,岂能甘心投降,任人摆布呢?"诸葛亮见孙权抗曹之火被激起来,这才详尽地向孙权分析了孙刘联军抗曹的有利条件,最终坚定了孙权抗曹的决心。

诸葛亮并没有说东吴如何兵精粮足、人才济济,也不说地势如何险要,反而说曹军如何势大,假劝孙权投降,通过晓以利害的方式顺势说服对方。这样就激起孙权争胜、不甘寄人篱下之心,完成其联吴抗曹的任务。他用的就是激将法。

除了在提问时晓以利害,我们还需要掌握合适的提问时间。

1. 在对方说话停顿、间歇时间提问

在谈判中假如对方发言冗长,或不得要领、或纠缠细节、或离题太远,会影响洽谈进程。我们可以在对方停顿时趁机提问"这些细节问题我们以后再谈,请谈谈你的主要观点,好吗?""第一个问题我们已经听明白了,那第二个问题呢?"这样的提问既不失礼,同时还可以帮助对方切回正题,继续谈判。

2. 在谈判议程规定的辩论时间提问

智慧的谈判者在辩论前的几轮商谈中总是细心记录,深入思索，抓住谈判桌上的分歧进行提问。不问则已，一问就问到了点子上。而且，在提问时谈判者需要注意问话的速度应适中，选择对方心情好的时候，然后给予对方足够的答复时间。

3. 在对方发言完了之后提问

当对方正在发言时，己方要认真倾听。即便发现了问题，你很想提问也切忌打断对方，可先把发现的和想到的问题记录下来，等待对方发言之后再提问。这样不但反映了己方的修养，而且可以全面地、详细地了解对方的观点和意见，避免操之过急，曲解或误会对方的意思。

4. 在自己发言前后提问

当轮到自己发表意见时，己方可在谈自己的观点之前对对方的发言进行自问自答。比如，"您刚才的发言说明什么问题呢？我的理解是这样的……对这个问题，我说几点想法。"在充分地表达了自己的意见之后，为了让谈判沿着自己的思路发展，己方可以这样提问："我们的基本观点和立场就是这样，您对此有什么看法呢？"这样的提问就是明显的承上启下，有较强的互动性，就容易使谈判顺利进行下去。

掌握商务谈判的提问技巧

提问是谈判中获得对方信息的一般手段。通过提问，我们除了可以从中获得众多的信息，还常常能发现对方的需要，知道对方追求什么，这些都对谈判有很大的指导作用。另外，提问还是谈判应对的一个手段，是谈判者机警的表现。在商务谈判中，精妙的提问不但可以获取所需的信息，而且还能够促进双方的沟通。所以，谈判者应当不停地向对方提出各种问题，以试探虚实，获取信息。有时候，在谈判过程中，因为种种原因导致对方面色不佳，不愿意回答我们的问题，甚至不愿意继续沟通下去。这是一个非常关键的时期，稍微不慎就会使整个谈判陷入僵局。这时，我们也可以通过提问来化解对方的敌意。

有一次，原一平去拜访一位客户。在拜访之前，他了解到这位客户性格内向，脾气古怪。见面后，为了营造轻松的气氛，原一平微笑着打招呼："你好，我是原一平，明治保险公司的业务员。"客户情绪似乎很烦躁，不耐烦地回复："哦，对不起，我不需要投保，我向来讨厌保险。"原一平继续微笑着说："能告诉我为什么吗？"客户忽然提高了声音，显得更不耐烦："讨厌是不需要任何理由的！"

原一平知道客户发飙了，但是，他依旧笑容满面地望着他说："听朋友说你在这个行业做得很成功，真羡慕你，如果我在我的行业也能做到像你这样，那真是一件很棒的事情。"听到原一平这样一说，客户的态度稍有好转："我一向讨厌保险推销员，可是你的笑容让我不忍拒绝与你交谈，好吧，说说你的保险吧。"

在接下来的交谈过程中,原一平始终面带微笑,客户在不知不觉中也受到了感染。谈到了彼此感兴趣的话题时,两人都大笑起来。最后,客户微笑着在订单上签上了名字,与原一平握手道别。

原一平,这位只有1.53米,外表毫无气质和优势可言的保险推销员成功了。尽管客户非常不耐烦,但原一平还是微笑着发问:"能告诉我为什么吗?"在这个案例中,他不仅仅擅长提问,更擅长以自己的微笑去打动对方。微笑适时为他的提问增添了几许感染力,以至于客户也说:"我一向讨厌保险推销员,可是你的笑容让我不忍拒绝与你交谈,好吧,说说你的保险吧。"自然而然,他办成了自己想办的事情,最后成了世界闻名的推销员。

斯科特先生是一家食品店的老板,库尔曼曾向他推销自己所在保险公司有史以来最大一笔寿险:6672美元。当库尔曼向斯科特先生问道:"斯科特先生,您是否可以给我一点时间为您讲一讲人寿保险?"斯科特说:"我很忙,跟我谈寿险是浪费时间。你看,我已经63岁,早几年我就不再买保险了。儿女已经成人,能够好好照顾自己,只有妻子、一个女儿和我一起住,即便我有什么不测,她们也有钱过舒适的生活。"

换了别人,斯科特这番合情合理的话足以让他心灰意冷,但库尔曼不死心,仍然向他发问:"斯科特先生,像您这样成

怎样提出一个好问题

功的人，在事业或家庭之外，肯定还有些别的兴趣，比如对医院、宗教、慈善事业的资助。您是否想过，您百年之后，它们能否正常运转？"

见斯科特没说话，库尔曼意识到自己问到了点子上，于是趁热打铁地说下去："斯科特先生，购买我们的寿险，不论你是否健在，您资助的事业都会维持下去。7年之后，假如您还在世的话，您每月将收到5000美元的支票，直到您去世。如果您用不着，您可以用来完成您的慈善事业。"

听了这番话，斯科特的眼睛变得炯炯有神，他说："不错，我资助了3名尼加拉瓜传教士，这件事对我很重要。你刚才说如果我买了保险，那3名传教士在我死后仍能得到资助，那我总共要花多少钱？"库尔曼答："6672美元。"最终，斯科特先生购买了这份寿险。

可以说，以上这个案例是一次成功的谈判。在实际谈判中，最糟糕的是遇到对方对自己的某些想法或观念的冷漠态度。这使整个谈判将陷入一种僵局，假如我们不及时缓和气氛，或者说几句话暖场，那我们的谈判有可能会遭遇失败。在这个案例中，库尔曼也遭遇了这样的窘境，不过，信心十足而又机智的他并没有引导谈判走向死胡同，而是转换了一个话题。

库尔曼开始意识到对于像斯科特这样成功的人士，跟他们谈寿险所带来的收益并不会使之心动，而他更注意到像这样的成功人士都会有一些特别的兴趣，比如慈善。假如自己向他解释购买了寿险还可以帮助自己继续做慈善事业,那岂不是把话说到了对方的心里吗?于是,他通过提问聊到了慈善问题。果然,之前一听说销售寿险而表现冷淡的斯科特在听到了购买寿险可以帮助自己做慈善事业后,开始表现出极大的兴趣。在库尔曼的心理诱导下,斯科特开始重新审视购买寿险这件事,当然,最终库尔曼做成了这笔交易。

以下三项商务谈判的通用技巧请多加练习。

1. 提问题要恰当

假如对方能够按问题规定的回答方式来回答问题,那么这个问题就是一个恰当的问题,反之就是一个不恰当的问题。所以,在协商阶段,谈判者要想有效地进行协商首先必须确切地提出争论的问题,尽可能避免提出含有某种错误假定或敌意的问题。

2. 问题要有针对性

也就是说,一个问题的提问要把问题的解决引到某个方向上去。在协商阶段,一方为了试探另一方是否有签订合同的意图,谈判者必须根据对方的心理活动运用各种不同的方式提出问题。比如,当对方不感兴趣、不关心或犹豫不决时,我们应问一些引导性问题。比如,"你想买什么东西?""你愿意付多少钱?""你对于我们的消费调查报告有什么意见?"等。提出这些引导性的问题后,己方可根据买方的回答找出一些理由来说服对方促成交易。

3. 提问必须要谨慎

谨慎运用问题可以促使我们轻易地引起对手马上注意并使之对问题保持持久的兴趣。此外，经常地提出问题，你的对手会被导向你所期望的结论。由于提出问题是一个具有相当力量的谈判工具，因此我们在应用时必须审慎明确。适当的发问常能指导谈判的结果，还能控制搜集情报的多少，并可以刺激你的对手慎重地考虑你的意见。为了答复你的问题，你的对手不得不想得深入一点，从而他会更谨慎地重新检测自己的前提，或是再一次评估你的前提。

第08章

职场提问，会提问的领导更会管理

领导在与下属的沟通过程中，为了有效地促进交流的顺利进行，势必会采用提问这一手段，沟通是两个人的互动，也就是彼此交换想法和意见，共同体验谈话带来的愉悦感。提问也是讲究技巧的，那么，如何恰到好处地提问才能令下属向你展露真心呢？

妙用提问，灵活选择开放或封闭

通常情况下，领导常用的开放式提问和封闭式提问这两种方式是有所不同的。开放式提问是指比较概括、广泛、范围比较大的问题，这样的提问对回答的内容限制并不严格，给予了对方充分自由的发挥余地，这样的提问比较宽松、不唐突，显得非常得体。其特点就是经常会被用在访谈的开始来在短时间内缩短双方的心理距离、感情距离。不过，由于话题太松散和自由，回答中有价值的信息难以被挖掘。而封闭式提问则是指出答案有唯一性，范围比较小。这是有限制的问题，对回答的内容有一定的限制。在提问的时候，提问者往往会给对方一个框架，让对方在可选的几个答案中进行选择，这样的提问能够让回答者按照指定的思路回答问题，而不至于跑题。虽然开放式提问与封闭式提问各不相同，但这并不意味着领导提问更倾向于谁，而是看哪种提问方式更适合就选择哪种提问方式。

小王是一个推销员，经常是天南海北地跑。有一次，他出差到了杭州，工作任务是与商家洽谈一笔生意。

到了约定的时间，小王来到酒店，双方代表面对面落座。小王注意到对方是一个不苟言笑的人,而且,见到小王来了,他还在低着头看报纸。小王觉得比较闷,就主动向对方打招呼:"最近杭州天气比较热啊?"没想到,那位谈判对手头也不抬,冷漠地回答:"杭州都是这样的天气。"小王并没有放弃交流的欲望,他继续问:"听口音您不是本地人吧?""噢,山东枣庄人。"对手抬起头来,警觉地看了小王一眼。"啊,枣庄是个好地方!读小学的时候,我就在《铁道游击队》的连环画上知道了。两年前去了一趟枣庄,还在那边玩了两天呢,很不错,真是个好地方。"听了这话,那位枣庄人精神为之一振,马上放下报纸,先是递烟,又与小王互赠名片。两人越聊越高兴,还相约晚上一起进餐。就在当天晚上,双方就谈成了互惠互利的一笔生意。

在这个案例中,小王向谈判对手提问"最近杭州天气比较热啊?""听口音您不是本地人吧?"通过这些提问引发了一个关于回忆枣庄的话题,这其实就是一个开放式的提问,其目的是借助寒暄来营造出有利于谈判的和谐气氛。通常情况下,领导是可以通过提问来达到巧妙寒暄的目的的。比如,询问对方的兴趣、爱好,或者询问一下时事新闻,等等,这些都可以调动对方想诉说的欲望。等到气氛差不多了,再切入正题。而在寒暄时的提问大多是宽泛的,对回答的内容没有限制,而提问者本身也没有明确的目的。

另外,开放式提问还经常用于面试的时候。当职员来公司

怎样提出一个好问题

面试的时候，面试官会经常问一些比较宽泛的问题，希望从面试者的回答中听出端倪，以此来综合判断对方这个人。比如，他们会问"以往工作您的职责是什么？""你能为我们公司带来什么？""你为什么来应聘这份工作？""你对加班有什么看法？"等，这样提问的目的是弄清楚对方对某些事情的真实看法，以此作为判断这个人的依据。

早上，小李刚到公司就有人通知他去王经理的办公室。小李还没来得及擦干额头上沁出的汗水就急匆匆地赶去了。到了办公室，他发现王经理正在慢悠悠地喝水。王经理吩咐："才到办公室，先坐下歇歇吧。"小李坐下了，王经理问道："你今天有时间吗？"小李想了想昨天剩下的工作，或许自己上午就能处理完，就点头回答说："有。"王经理笑着说："很好。"说着，拿出了一大叠文件，对小李说："这里是上个季度的报表，希望你能尽快整理出来，我相信，你肯定会乐意帮我这个忙的，是吧？"小李哑口无言，这可明明是经理分内的工作，但每次经理都能以如此特别的"提问"令自己毫无招架之力。小李能怎么说呢？直接说"不愿意帮忙"会得罪领导，小李只好哑巴吃黄连，答应下来了。

在王经理与小李的交流过程中，王经理只是提了两个问题"你今天有时间吗？""我想你肯定会乐意帮我这个忙，是吧？"前一个问题的答案无非就是两个，"有"或是"没有"，通常领导问这类问题的时候，大多数的下属都会回答

"有时间"。后一个问题更封闭，针对下属的身份，似乎这个问题的答案只有一个，那就是"乐意帮忙"。封闭式的提问会引导对方朝着自己的思路思考，并回答出自己所能预测到的答案，这对于上级驾驭下属是一条很有效的途径。

封闭式提问与开放式提问是相对的，它限制了对方的答案，或者说，对方只能在有限的答案中进行选择。比如，"你是不是觉得和大公司合作比较可靠？""你今天有时间吗？""我能否留下产品的相关资料呢？"等，对于这些问题，对方只能回答"是"或"不是"，"对"或"错"，"有"或者"没有"等有限的答案，这样，提问者就可以占据沟通中的主动位置。

当然，开放式的提问并无过多的技巧性，只要你的问题不是太唐突，基本上都是可以发问的。而封闭式的问题则需要一些技巧。下面我们就来看看如何进行封闭式提问。

1. 暗示你所想要的答案

在沟通过程中，要想得到对方肯定的答案，我们所选择的提问方式也很重要。其实，许多研究口才心理学的专家建议：将你所想要的答案暗示在话语里，对方的回答绝对是符合你预期的答案。比如，如果你问对方"这个东西你喜不喜欢？"对方的回答有可能是"不"。那么，当你将答案暗示在话语里，你就应该这样问"我想你一定喜欢，是吧？"那么，对方的回答大概率是"是"。

2. 积极营造出回答"是"的谈话氛围

在谈话中，我们一定要营造出说"是"的谈话氛围，尽量避免对方否定我们的提问的可能。因此，我们在提出每一个问题之前都应该再三思考，不得信口开河。比如，我们询问一位下属："这项工作还是跟上个月一样难，是吗？"对方的回答应该是肯定的。

提问要具体，下属才乐于回答

著名主持人蔡康永曾说："问的问题越具体，回答的人就越省力；回答的人越省力，他就越有力气和你聊下去。"虽然，这是他主持节目多年的经验之说，但却是非常适合领导使用的。在日常工作中，比如，领导需要询问下属"你喜欢去什么样的国家旅行"，这个问题肯定比不上"你在旅行时被骗过钱吗？"更让人有发言的欲望而"你喜欢什么样的工作"肯定比不上"你喜欢会计这份工作吗？"来得具体。因此，领导在向下属提问的时候，所问的问题要具体，太空泛了很容易令对方无从回答，这样的情况会使得交流受阻碍。

其实，换个角度，将问题问得更具体，实际上也是为自己留"后路"。你可以通过提问来引起一个话题，而这个话题恰好是你能够掌控的，无形之中，你就暗暗掌握了话题的主控权。但是，在这样的沟通过程中，对方却没有不快之感，这才是提问的高明之处。

大多数的记者都善于提问，而且他们很清楚自己的目的。一位记者讲述了自己提问的一次经历："有一次，我采访一些到日本打工的农民，我猜想下面的观众一定想知道他们在日本工作和生活的情况。这一类的问题是一定要问的，但是，如果我这样问'你在日本怎么样？'那么，受访者可能不知道该如何回答，于是，我换了一个比较具体的问题'你在日本有没有最难忘的事情，给我们讲讲好吗？'如此一来，对方只需要讲一两件事情，我们就了解了他在日本工作和生活的情况。"从记者的经历，我们不难看出，提问变得越具体，对方就越容易回答，同时，我们越容易掌握沟通的主动权。

领导在与下属沟通的时候，善于提问是很有必要的。一个好的问题可以引发出一个愉快的话题，而一个愉快的话题可以促进此次沟通的成功。当然，提出的问题尽量具体，做到有的放矢，切不可漫无边际、泛泛而谈，而且面对不同的谈话对象，提出的问题也应有所不同。有时候，对方有可能是一个很健谈的人，如果你只是泛泛而问"今天过得怎么样"，他可能就会从早餐开始一直谈到今天的天气、交通状况等。如此漫无边际的谈话，你既不会从中得到自己需要的信息，也不会感到愉快，只会感到烦躁。

某商场，一位大叔正在电风扇专柜前驻足。一位销售小姐

怎样提出一个好问题

走上前问:"大叔,这几天天气热起来了,您今天来是想看看电风扇吧?"大叔回答:"对呀!""那您是想看台式的还是落地式的呢?"销售小姐继续问道。大叔想了想:"放在客厅用,落地式应该好一些吧?"销售小姐点点头:"对,在客厅用落地式的比较适合,因为它外形美,有气质,还具有装饰房间的功能。来,落地式风扇都在这边,您是需要我为您有针对性地介绍还是想自己先慢慢挑选一下?"

潜能大师安东尼·罗宾曾说过:"对成功者与不成功者最主要的判断依据是什么呢?一言以蔽之,那就是成功者善于提出好的问题,从而得到好的答案。"销售小姐具体的提问恰到好处地引导了话题,而且,从顾客的回答中,销售小姐了解了其要求,从而灵活运用了销售策略。如果销售小姐泛泛而问:"大叔,请问您需要点什么?"如此笼统的话题,不仅顾客不好回答,销售小姐本身也难以掌握话题的走向。

我们都知道提问要具体,那么这样做的好处有哪些呢?

1. 提问越具体,越容易掌握话题的走向

如果你向下属提出"你喜欢什么样的工作",由于话题本身的笼统性,下属有可能会给出你意想不到的答案,比如,"我喜欢做自由职业者""我不太喜欢现在这份工作",如此势必会造成沟通的尴尬。这样的提问,领导者无疑是自讨苦吃,或者下属给予一些模糊的答案,如"我不知道""都很不错啊",如此敷衍的答案也没法让领导者清楚地判断下属心里到底在想什么。所以,向下属提问,问题越具体,领导者就越容易掌握话题的走向。

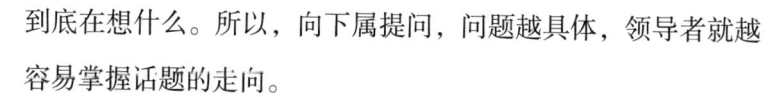

2. 通过提问营造和谐气氛

在沟通一开始,领导可以以提问制造出双方都想谈话的气氛,引导下属走入自己所谈论的话题中。这时,下属会有一种终于找到了解自己的人的感觉,以为自己碰到了职场知己,而他也感觉到与你谈话是轻松的。

3. 学会提出让下属更易回答的话题

有的问题太泛泛而谈,让人难以回答;有的问题太笼统了,答案并没有在自己掌控范围之内。那么如何提出让对方更容易回答的具体问题呢?在现实工作中,领导者可以尝试这样的发问方式:先问两三个像是非题或选择题的具体问题,把下属有兴趣聊的范围给搜索出来,再用开放题往下问。

递进式提问,对方容易回答

在与下属的沟通过程中,领导需要经常提问,而如何提问则成了非常关键的问题。在很多时候,我们的问题并不是直接提出来的,而是需要设置铺垫的。简单地说,提问需要逐层递进,才不会显得突兀。提出一个好的问题不仅有助于下属对于问题的理解,而且可以充分调动下属的积极性思维,活跃谈话气氛，让下属积极地参与到话题中。不过，在现实工作中，我们常常发现领导在提出一个问题后，下属可能会目瞪口呆，一时回答不上来。其实，这并不是下属没有能力回答，或是下属笨，而有可能是领导提出的问题和答案之间的思维跨度极大、关联性不是很强，下属当然就回答不上来了。就像是一个人在上楼梯，如果他连楼梯都找不到或者楼梯台阶太高了，他又怎么上去呢？所以，领导在与下属沟通的时候要学会提问，在提问之前要有所铺垫，注意思维的连贯性，注意引导，为下属设置好台阶，这样，下属才容易回答你的回答。

在日常工作中，上下级之间的沟通是必不可少的，而让下属说得越多，领导了解下属真实心理的机会就越多，而当领导完全了解了下属的所思所想，方能令其为己所用。如何让下属说得更多，那就是善于提问。提问，它是社会交际中常见的一种活动，如何使沟通按照自己计划的进程发展，使对方说出自己想要得到的回答，这取决于人们提问技巧的高低。对此，提问的一个重要作用就是让对方为自己解疑释难。有时候，为了能够详细地了解对方的真实情况，我们需要先提出简单的问题，以此做好铺垫，再增加问题的难度，触及问题的实质，达到自己的最终目的。这样的提问方式，也就是"逐层递进、由浅入深"，而如此的提问方式大多见于课堂中。

小宋是中学政治老师，他常常这样说："我们在提问时，要分层提问，化难为易，化大为小，把课堂提问当作一门艺术。这样，我们才能够运筹帷幄地统领全局。另外，这样的提问方式也能够很好地结合学生的实际，进行有计划、有步骤的系统化的提问，层层深入地引导学生向思维的纵深发展。"

在一次政治课上，小宋在讲到"商品"这个概念的时候，他设计了一连串问题来启发学生层层地深入了解。一开始上课，小宋就提问："同学们，我们的吃、穿、用的物品是哪来的？"学生异口同声地回答："市场上买的。"小宋老师接着问："那市场上出售的商品又是从何而来？"有学生回答："劳动而来的。"小宋老师继续问："所有的物品都是劳动产品吗？所有劳动产品都是商品吗？"学生们摇摇头，却又说不上来，小宋老师问："原因是什么呢？"这样几个问题一一回答下来，使得"商品"的外延范围越来越小，逐渐显示出了内涵。最后，小宋老师揭晓答案："商品就是用来交换的劳动产品。"课程结束后，小宋老师总结说："这样的提问方式，循序渐进，能够带领学生轻松地跨越思维的台阶，学生比较容易接受。"

领导向下属提问，其实就恰似于老师向学生提问。在提问的时候，需要有所铺垫，你的问题才不会显得突兀。比如，领导一开口就问"这事你怎么办成这样"？而在这之前，没有任何的提示、铺垫，或许，那些反应不够快的下属会摸不着头脑，不知道领导问的究竟是什么。

一位主持人回忆了自己的一次采访经历："在一次采访

中，我们要通过散装水泥谈到节约型社会，如果一上来就大谈如何建设资源节约型社会，感觉很空洞，观众也不会喜欢，因此，我们就先从解释散装水泥说起，最后升华到提倡资源节约型社会，这样就很自然地达到了目的。"所以，在日常工作中，领导提问要善于掌握谈话的真正方法，提问方式须由浅入深，由表及里，如此一来，才能够获取自己想要的信息。

可见，良好的递进式提问，务必注意以下两点：

1. 由浅入深

任何谈话在最初谈话时都会从一个很浅显、很小的点开始，一点点地深入。比如，许多主持人在采访名人的时候，有可能第一句话只是："你最近在忙些什么？"以最浅显的有关最近动态的问题，慢慢延伸，再聊到其关于感情、工作方面的话题。从来没有一个主持人开门见山就问："听说你的公司最近亏损了，究竟是怎么一回事，能给我们说说吗？"这样的提问显得对受访者不够尊重，另外，观众也不太容易接受这样的提问方式。其实，这种由表及里的提问方式，恰恰是领导者需要学习和借鉴的。

2. 由表及里

在询问到某一大问题的时候，领导不要着急触及问题的实质，而是应该先从表面下手，先询问下属几个简单的问题，等铺垫做得差不多了，再问及问题的实质。这样会显得你的提问不那么突兀，而且，下属也就自然容易回答了，整个谈话也能顺利进行了。

委婉提问，对方才愿意回答

在现实工作中，面对一些尖锐的问题，领导者又该如何提问呢？有的领导者在这时依旧把自己的姿态摆得很高，以审判者自居，还把那些陷于不幸或处于难堪境地的下属当作应该谴责的对象。他们在提问的时候，语气总是处处露锋芒，提出一些尖锐的问题，诸如，"听说你的公司倒闭了？""你在吸毒吗？""你离婚了吗？"等。虽然，他们内心深处并没有太大的恶意，但是，如此尖锐的提问会让下属感觉自己是在接受"审问"，同时，那些尖锐的词语或者带着审判意味的语调都会令下属感觉很受伤。领导者或许觉得自己只是提出了一个无足轻重的问题，但所造成的后果却是严重的，下属有可能会因为这个问题而受伤，心生不快。其实，沟通的目的在于更好地了解彼此，把自己的想法和意见有效地传递给对方。在这一过程，领导者不要给语言穿上"刺猬服"，也不要咄咄逼人，而是需要减少问题的尖锐度，把温暖传递给对方，让对方不会觉得难以承受，这样他会明白你是在关心而不是审问。

古人云："曲径方能通幽。"提问也是一样的道理。在现实生活中，许多领导热衷于直截了当地提问，不修饰、不绕圈子，这样的提问方式虽然真实，但是，它使得问题太尖锐，不具备实际操作性。提问的目的是引起谈话双方的兴趣，为话题顺畅地进行下去做好铺垫。而提问最为关键的一点是营造出和谐的谈话氛围。直截了当地提问极有可能伤了下属的面子，而尖锐的问题只会令下属感到难堪，破坏了原有的和谐气氛。因此，在提问的时候，领导者不妨绕个圈子，采用迂回的提问方式，否则，你难以将话题继续下去。

孟子这样问齐宣王："假若一个人，把妻室儿女托付给朋友照顾，自己到楚国去了。等他回来时，妻子儿女却在挨饿受冻，对于这样的朋友，你该怎么办呢？"齐宣王回答："和他绝交。"孟子继续提问："假若管刑罚的官吏不能管理他的部下，怎么办？"齐宣王回答说："撤掉他！"孟子又问："假若一个国家搞得很不好，那又该怎么办？"这时，齐宣王只好看看左右，也不再说其他了。

在这里，孟子并没有直接问齐宣王"假若一个国家搞得很不好，那又该怎么办？"因为这样的问题太尖锐，会扫了齐宣王的面子，况且，即使这样直白地提问了，自己也获取不到想要的信息。所以，孟子先以绕圈子的方式提出两个设问，诱使齐宣王作出了肯定的回答。然后，孟子再委婉地提出应该怎样处置不会管理国家的国君，这时，齐宣王无言以对，最后只能接受孟子的建议。齐宣王作为一个国君，孟子的建议并没有使他感到难堪，这样的语言表达方式十分适合下属向上司委婉建议。

陶行知说："发明千千万，起点在一问。禽兽不如人，过在不会问。智者问得巧，愚者问得笨。人力胜天工，只在每事问。"其中，"问得巧"就是将那些尖锐的问题"柔"化的技巧，让自己或曲解，或迂回，或绕圈子，不露锋芒地获取信息。

一位刚刚进城的年轻人走进了咖啡厅，刚一坐下，他就拿起桌上的餐巾围在脖子上，老板看见了，吩咐一个服务员："你过去告诉他，他好像弄错了。"服务员走了过去，对年轻人说："对不起，先生，您是要刮脸，还是要理发呢？"年轻人听了这话立即拉下了脸，头也不回地走了。

服务员这样的提问虽然采用了迂回的方式，但是，似乎把圈子绕得太远，而且不太符合场合礼仪。想想，谁会跑到西餐厅来刮脸或理发。这种看似委婉的提问，在年轻人听来却异常刺耳，好似话语中带着某种讽刺和嘲弄。所以，即使绕个圈子提问，提问者也需要注意交际场合，否则，问题会变得更尖锐，不仅令他人感到难堪，还让自己下不了台。

一个问题可能有多种提问的方式，简单地划分无外乎两种：直问和曲问。直截了当、单刀直入地提问叫直问；从侧面或反面迂回地提出问题，叫曲问，问在此而意在彼，它不从常规出发，而着眼于提问的方式，可以很好地照顾对方的心理。不可否认的是，新颖别致的曲问成为领导者日常交际中常用的一种提问方式。

怎样提出一个好问题

那么，在现实生活中，领导者该如何将尖锐的问题委婉地提出呢？

1. 试着了解他人的处境

沟通是建立在平等的基础之上的。作为领导者，你没有必要带着某种优越感去看待别人，一旦你有了某种优越感就会导致沟通的失败。所以，面对别人的不幸遭遇，或者面对别人难以开口的问题，领导者不要粗鲁地带着尖锐词语直接质问，而是应该采用谈话的方式，试着了解对方的处境。当你发现自己所提的问题比较尖锐的时候，尝试着倒退两三步，试着去理解对方所处的境地，尽量把问题变得圆润而委婉。

2. 把刺耳的字眼换成具体陈述

在提问的时候，你应该尽量把那些对方听来觉得刺耳，有审判意味的字眼，改成一些具体陈述。比如，主编在询问下属关于抄袭这种敏感话题的时候，可以这样说"某学术期刊上面有篇论文跟你上个月交上来的那篇，内容上有重叠的部分，大概有五千字"。虽然这种"具体陈述"的提问有点麻烦，但却显得很具体，听起来没有直接指责的意味，只不过告诉对方你在就事论事而已。

3. 必须提出尖锐的问题，可以适当借助"抽象的第三方"

当然，如果是遇到公事上的问题，你必须提出尖锐的问题时，你可以摆出抽象的第三方来当挡箭牌。比如，谈到公司里某些贪污的新闻的时候，领导可以摆出第三方势力来提醒那些下属，如"你就任即将满三年了，媒体记者们在报道你的政绩时，恐怕一定会提到，一直都没有得到你亲口澄清，有关两年前的那则受贿事件的传闻"。当然，这招也可以用在你向上司提出问题时。

面对不同的下属提出不同的问题

提问是开启交流对象的钥匙，但是，这并不代表领导者可以任意提问，凡事都有一定的限度，提问也是一样。作为领导者，你所提的问题应该有分寸，因人制宜，分清状况。这样，你才能从中获取想要的答案。有时候，即使是同一个问题，往往也会因人而异。毕竟，人们会从多角度、多侧面地去思考。因此，作为领导，你提问的时候需要"因人而异"，即面对不同的下属，给予不同的提问。这样，我们才能获得一些有价值的信息。有人说："只要你掌握了一定的问题尺度，即使你没有各种专长，也足以应付各种各样的人。因为如果不能回答对方，你可以一直提问。"

俗话说："到什么山头，唱什么歌。"提问也是一样，对不同的人，应该问不同的话。如果下属是一个喜欢钻研房地产的人，那么，你可以这样提问："最近房价怎么样？我还想买套房子呢。"若是遇到一个医生的客户，你可以问："近

怎样提出一个好问题

来乙型肝炎好像又开始流行,你们大概忙于给一些人打预防针吧?"遇到卖电器的老板,你可以询问:"哪种牌子的抽油烟机最实用?"的确,我们完全可以通过提问来打开交谈之门,不过,我们需要掌握问题的分寸,最好是问对方所知道的问题或最内行的问题。

哈里森是一名电机推销员。前不久,一位工程师到车间视察,用手摸了一下之前哈里森推销给他们的电机,感觉很烫手,他便断定哈里森推销的电机质量肯定很差。于是,等到哈里森再次登门拜访的时候,工程师直接下了逐客令:"哈里森,你又来推销你那些破烂!不要做梦了,我再也不买你那些玩意儿了。"哈里森并没有正面反驳,而是提问:"好吧,斯宾斯先生。我完全同意你的立场,假如电机发热过高,别说是买新的,就是已经买的也得退货,你说是吗?"斯宾斯回答说:"是的。"

哈里森继续提问:"当然,任何电机工作时都会有一定程度的发热,只是发热不应该超过全国电工协会规定的标准,你说是吗?"斯宾斯先生点点头,回答说:"是的。"哈里森笑了,问道:"按照国家技术标准,电机的温度可比室内温度高出42℃,是这样的吧?"斯宾斯表示了赞同:"是的,但是,你们电机的温度比这高出许多,昨天还差点把我的手烫伤了!"哈里森似乎很满意这样的答案,又提出了问题:"那么,请问一下,你们车间里的温度是多少呢?"斯宾斯先生回答说:"大约24℃。"哈里森十分高兴地说道:"车间是24℃,加上电机所的42℃,一共是66℃。请问,斯宾斯先生,当你把手放进66℃的水里会不会被烫伤呢?"斯宾斯点点头,哈里森达到了自己的目的,说道:"那么,请你以后千万不要去摸电机了,我们产品的质量是绝对没有问题的。"

相信,我们都猜到了结局。是的,哈里森凭借着自己善于提问的技巧又成功地做成了一笔生意。而且,在哈里森与斯宾斯先生交谈的过程中,哈里森完全明白斯宾斯所担心的是哪些问题,所以,他提问的时候总是诱导对方作出肯定的回答。这样一来,哈里森就完全掌握了话题的主动权,因此,他最后达到了自己的目的,赢得了胜利。

阿美是一家房地产公司总裁的公关助理,奉命聘请一位特别著名的园林设计师担任本公司的一个大型园林项目设计顾问。但这位设计师已退休在家多年,且此人性情清高孤傲,一般人很难请得动他。

为了博得老设计师的欢心,阿美在正式拜访之前做了一番调查。她了解到老设计师平时喜欢作画,便花了几天时间读了几本中国美术方面的书籍。这天,她来到老设计师家中,刚开始,老设计师对她态度很冷淡,阿美就装作不经意地发现老设计师的画案上放着一幅刚画完的国画,阿美边欣赏边询问:"老先生,您是学清代山水名家石涛的风格吧?"这样就进一步激发了老设计师的谈话兴趣。果然,老设计师的态度转变

怎样提出一个好问题

了，话也多了起来。

在日常交际中，有的问题是我们需要避免提出的，因为它没有分寸，有失礼仪，自然不能引起对方的兴趣，甚至还有可能让我们因此而得罪了对方。在这点上，领导者要记住，提问要因人而异，看清状况再提问。这样，胜算会比较大。

另外，在提问的时候，领导者还应该避开以下问题：

1. 对方不知道的问题不宜提问

有时候，当我们不能确定对方能否回答自己的问题，那么，我们最好选择不提问。比如，你向一个老师提问"今年你们学校考上了多少个重点生？"这个问题对方很可能就回答不出来，因为一般的老师谁也不会去费神记这个数字，对方的回答很有可能就是"不太清楚。"这样使对方感到有失体面，我们自己也会感到没趣，所以我们就应该努力避免诸如此类的尴尬问题。

2. 不宜过多地提问同行

现代社会是一个竞争的社会，任何人都不愿意将自己的情况告诉一个有可能成为竞争对手的同行。如果你向一个同行询问经营或管理方面的问题，无疑是自讨没趣。

3. 不宜提问政治问题

如果对方不是一位政治家，我们最好不要就某个重大的政治问题向他提问。因为对于普通人来说，他们对政治问题的看法是有很大分歧的，对方即使有一定的立场，也不会回答你所提的这类问题。

4. 应该避开敏感话题

在任何时候，我们都应该避开一些交流的敏感话题，比如，女孩子的年龄、对方的收入等。凡是对方不愿意被别人知道的事情都应该尽量避免。提问的目的是引起对方的兴趣，如果你的问题让对方感到没有任何兴趣，那问题就是白问了。

5. 提问不宜"打破砂锅问到底"

提问也可以体现一个人的修养，对于某些问题不要刨根问底，否则就显得自己很没有修养。比如，你问对方住在哪里，对方回答说"上海"，这时候你就不宜继续问下去了。如果对方愿意让你知道，他会主动谈论，否则，对方就是不想让你知道，那么，你自然就没有继续追问的必要性。

第09章

营销提问，不仅要会说更要会问

> 营销是通过提问而成功。什么是营销？营销是用我们的产品和服务帮助客户解决他的问题，在满足客户需求的同时，获取利润的双赢法则。通过提问，首先，我们可以锁定客户的需求，包括收集客户的背景信息，挖掘客户的问题和需求，发现客户的独特需求。其次，我们还可以树立顾问的销售形象，因为我们掌握客户的信息越多，所提供的解决方案就越有效，就越能表现我们对客户的关心。

怎样提出一个好问题

掌握营销提问技巧，业绩才会提升

营销就是发现顾客的需求，满足顾客需要的过程，所以提问在这一过程中十分重要。

在家具城，有位小姐看中了一套组合家具，导购问："小姐，这家具，您要吗？"顾客的回答结果可想而知。问客人"这个东西你要不要"？答案就像是：有一个问题，不管你问任何人，答案就是"没有"，而这个问题就是"你睡着没？"人生所有的沟通都是为了有一个很好的结果，难道不是吗？由此可见，提问是需要技巧的，在营销中更是如此，问话问得巧不仅可以占尽优势，也能够更顺畅地达到自己想要的结果。

张先生想买张床，他走进了家具店，朝着对面专柜走了过去。导购小姐看有客人来看床，就十分热情地走了过来。看到张先生的眼睛盯在柜台一新款的床，马上打招呼："先生你好，是买床吧？"

张先生点点头："是啊。"导购小姐说："先生，您看看这款床……现在购买还有大礼包赠送哦。"张先生询问："多少钱？"导购小姐回答："3980元。"张先生笑着说："我再看看。"说完就走了。

张先生逛到了另外一个柜台，小伙子热情招呼："先生来看床啊？"张先生点头："是啊。"小伙子开始发问了："您买床是自己睡还是家人睡啊？"张先生回答说："老人从老家过来了，想给他买张床。"小伙子笑了："哦，您是买床给老人家啊，给老人买床我给您推荐一款，老人家的腰椎好不好？"张先生说："有些腰椎病。"小伙子："哦，老年人的腰椎功能会随着年龄的增长而退化，对腰椎间盘老化的老人来说，睡硬板床更好，可消除负重和体重对椎间盘的压力，使症状缓解……"小伙子领着张先生看一款硬板床，让他躺在上面试了试，张先生感觉效果还不错。

张先生问多少钱，小伙子回答："现在特价，只要1680元。"张先生一听价格还可以接受，不过并没有马上购买，而是说："我转转看，差不多的话就过来买。"结果他又转了转，转的过程中按照小伙子的那些标准，去找更合适的，甚至问有没有缓解腰椎功能的……可惜最后没有更合适的，张先生就回来找到那个小伙子开票成交了。

营销过程中，许多营销人员认为说很重要，力求说得好听，说得天花乱坠。其实，说在营销过程中并不是最重要的。在实际销售中，一些导购抓住一个顾客就开始滔滔不绝，说自己的产品如何如何好，唾沫横飞，容不得客人插嘴。结果呢，顾客根本不吃这一套。

怎样提出一个好问题

在实际营销过程中，应该使用哪些技巧呢？

1. 连续肯定法

连续肯定法是指营销人员所提出的问题要让顾客都能用赞成的口吻来回答，即顾客要对营销人员的推销问题连续地回答"是"。然后，等到要求签订单时，形成有利的情况，便于让顾客再一次肯定答复。

"很乐意和您谈一谈，提高贵公司的营业额对您一定非常重要，是不是？"

"是。"

"好，我想向您介绍我们公司的产品，这将有助于您达到您的目标，生活会过得更好。您很想达到自己的目标，对不对？"

"对。"

运用连续肯定法要求营销人员有准确的判断能力和敏捷的思维能力。每个问题的提出都要经过认真的思考，尤其是注意双方对话的结构，使顾客顺着我们的意图作出肯定的回答。

2. 诱发对方的好奇心

在见面之初，营销人员直接向可能的买主说明情况或提出问题，故意说一些可以激发他们好奇心的话，有利于将他们的思想引到你可能为他提供的益处上。

比如，营销人员给一个曾拒绝自己多次的顾客递上一张纸条，上面写着"请您给我十分钟好吗？我想为一个生意上的问题征求您的意见。"这张纸条上的问题诱发了顾客的好奇心，到底这位营销人员会向我请教什么问题呢？同时也满足了顾客的虚荣心。

结果，营销人员成功被邀请到办公室。

当然，假如诱发顾客好奇心的提问方式变得不切实际，使用这种方法就很难使人受益。而且一旦顾客发现自己上当了，营销人员的计划就会全部落空。

3. 刺猬效应

在各种促进买卖成交的提问中，刺猬技巧是卓有成效的。所谓刺猬效应，其特点就是我们用一个问题来回答顾客提出的问题，我们用自己的问题来控制自己和顾客的交谈，把谈话引向销售程序的下一步。

顾客：这项保险中是否有现金价值？

营销人员：您很看重保险单是否具有现金价值的问题吗？

顾客：绝对不是，我只是不想为现金价值支付任何额外的金额。

对于这个顾客，如果我们一味地向他推销现金价值，我们就会坠入陷阱里。这个人不想为现金价值付钱，因为他不想把现金价值当成一种利益。这时候营销人员须向他解释"现金价值"这个名词的含义，可以提高顾客在这方面的认识。

4. 单刀直入法

这种方法要求营销人员直接针对顾客的主要购买动机，开门见山地向对方推销，令对方措手不及，然后"乘虚而入"，对其进行详细劝服。

营销人员站在大门的台阶上，当主人把门打开时，营销人员问道："家里有高级的食品搅拌器吗？"男主人怔住了，这突然的提问使他不知道如何回答才好。他转过脸和太太商量，太太有点窘迫但又好奇地回答："我们家有一个食品搅拌器，但却不是非常高级的。"销售人员回答说："我这里有一个高级的。"说着，他从提包里掏出一个高级食品搅拌器。结果，这对夫妻接受了他的营销。

假如这个营销人员一开口就说："我是北京某某公司的销售员，我想问一下你们是否愿意购买一个新型的食品搅拌器？"这种提问的营销效果可想而知。

5. 以话学话

这种提问方式就是首先肯定顾客的观点，然后在顾客见解的基础上，再用提问的方式说出自己要说的话。

比如，经过一番劝说之后，顾客说："嗯，现在我们确实需要这种产品。"这时营销就应该抓住机会接过话头："对呀，假如您感到使用我们这种产品可以节省贵公司的时间和金钱，那么还要多久才可以成交呢？"这样，自然而然，顾客就会选择购买。

善用电话营销提出问题

在电话营销过程中,营销人员更要学会引导话题的走向,才能获得你想要的信息,实现高效的沟通。很多人在打通电话进行一番不痛不痒的闲侃之后忘了自己的本意,只好再补充一个电话,或者被对方牵着鼻子走,在一番长篇大论或无关紧要的争辩之后,无功而返。怎样避免出现这种情形呢?打电话之前就要确定好自己的主题,话题要一直围着自己的主题转,更要善于引导对方,引导对方的思路朝着自己预定的方向前进。怎样引导对方?

案例一:

营销人员:您好,张总,我是一家财务软件公司的小李,很高兴你能接听这个电话。

张总:有什么事吗?

营销人员:是这样,我们公司最近新代理一种能够提高库存、财务方面的管理软件,听说你们公司目前还没有使用这方面的软件,是吧?

张总:你听谁说的,我们偌大的公司怎么可能不使用财务管理软件,你搞错了吧。

营销人员:是吗,您使用的是什么品牌的财务软件呢?

嘟、嘟……对方已经挂断电话了。

怎样提出一个好问题

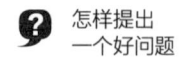

案例二：

营销人员：您好，张总，我是一家企业管理咨询公司的小宋，想请教您几个问题？

张总：什么问题？

营销人员：是这样的，张总，经常有许多公司向我们打来电话，向我们公司咨询关于库存管理、产品分类管理以及财务管理方面的问题，还请求我们给他们提供这方面人才。张总，不知您在这方面有什么更好的观点与意见？

张总：这个很简单，我们有专人负责仓库管理这块，产品分片分区管理，财务也有专人负责。只是，我也有些困惑，就是他们办事效率十分低。我需要个什么报表，他们往往不能够及时统计出来，造成信息不顺畅。更麻烦的是，一旦出现人员流动或者调整，往往一段时间内也是经常出现纰漏。不知道你们有什么好的解决办法没有？

营销人员：张总，我请问下，您目前使用的是什么管理软件？

张总：管理软件？管理软件目前好像用不到吧？我们一直采用的人工做账。

营销人员：是的，向我们打来咨询电话那些公司，也是喜欢采用人工做账，只是没有您分配得那么细致，有条理性。不过，他们现在这些问题都解决了，而且效率也提高了很多。

张总：是吗？怎么解决的？

营销人员：他们使用一种叫作×××的财务管理软件，不仅节省了人力，而且每天都能够了解今天的产品进、销、存，畅销产品、滞销产品比例、进出账情况、欠账、拖款情况等。

张总：是吗？有这样的软件？哪里能买到？

营销人员：这样吧，张总，我下午两点到你们公司去，您在吗？我把软件带过去，顺便给您的员工讲解如何使用这个软件，怎么样？

张总：好啊，非常感谢。

同样的目的，不同的表达方式，得到的结果也是不同的。在前面一个案例中，我们可以清楚地了解到小李说话的目的，不过很遗憾，他没有把握好提问的方式，让顾客听着很不舒服，即便有需求，也不会选择从他那里购买。后面一个案例，小宋的目的同样是让张总认识到使用管理软件的重要性，达到推销软件的目的，可是这个电话销售通过不同方式的提问，让张总愿意接受问题，愿意回答问题，而且愿意提出自己的观点，表达出自己的想法。这样小宋才能有效根据对方的回答，把握有理有据的对答方式来攻破对方的思维方式，达到预期的效果。

对于电话营销人员来说，通过采取有效的询问方式可以启发客户兴趣，引导客户积极参与到沟通中，达到自己营销的目的。许多营销书籍把提问的方法分为开放式和封闭式两大类别，但是很遗憾的是，这两种方法在实战应用方面分析得都比

怎样提出一个好问题

较笼统，而且缺少现场情景环节把握，造成营销人员在营销过程中无法淋漓尽致地发挥。

营销电话导入话题是最困难的，客户有一种自然的排斥心理，营销人员要把握一定的沟通技巧，才能避免被对方冷落。那么，营销人员究竟通过哪种询问方法才能很快赢得客户好感，并尽快进入主题呢？

1. 开场白

首先，简单打招呼后，清晰说出自己的企业和名字。企业名称有一种隐约的话题导向，比如，保险公司肯定不会销售纸笔。有些客户一听公司名称就会马上挂断电话，这种很少能成为潜在客户；相反，只要没挂断电话的就是对你的公司或你的目的有一点兴趣。

2. 电话拜访理由

以自信的态度清晰表达出电话拜访的理由会让对方感觉到你的专业可信赖。主要是谈业务还是约见，是做调查还是介绍新的产品服务，你一定要有一个详细、确定的理由，千万不要说是做某项调查的，最后却卖起产品来了，这样会引起客户的反感。

3. 用询问的方式引导客户的注意、兴趣及需求

好的营销者善于提出问题，比如，我们常常接到推销保险的电话，结束寒暄后，对方往往会提出"您有保险吗"？如果我们回答"有"，对方可能接着提问"是哪方面的，大病的，

意外的还是养老的？是消费型的还是分红型的？"

推销员提出什么样的问题，顾客就会作出什么样的反应。问题能引导顾客的注意力和兴趣。专业的电话销售人员总是倾向于向客户提问题，而较简洁介绍自己的产品。问一个有效的问题，问能够稳定顾客思维方式的问题。选择哪些问题来询问更能引导谈话呢？

（1）开放式问题。开放式问题是指为了引导对方开口而选定的话题，目的是了解对方。如果你想多了解一些客户的需求或真实想法，就要多提一些开放式的问题，比如，"什么""哪里""告诉""怎样""为什么""谈谈"等。比如，在保险业务中提问"您觉得自己缺少哪方面的保障"等。

（2）封闭式问题。封闭式的问题是指为引导谈话的主题而特别选定的话题，目的是知道确切答案，希望对方的回答落于限定的范围。封闭式的问题经常体现在"能不能""对吗""是不是""会不会""多久"等疑问词之间。比如，对方回答"我需要考虑一下"，就可以这样询问对方"方便知道多久之后您会答复我们吗？"

好的提问，让你了解客户需求

在营销过程中，我们不仅需要多介绍我们产品的优势，而

怎样提出一个好问题

且要善于提问。问出顾客真正的需求，才好"对症下药"，成功销售产品。俗话说："到什么山唱什么歌，见什么人说什么话。"我们在提问时要考虑对方的年龄、身份、文化素养、性格特征等。因为提问对象，有的热情爽快，有的性格内向，有的大大咧咧，有的审慎多疑，性格不同，气质迥异。假如不顾这些特点，仅用一个腔调，一种方式提问，我们就会碰壁。

王小姐在商场门口被某知名电子词典柜台的导购小姐拦住，随后开始听这位导购小姐的"演说"："我们电子词典的质量……这款电子词典的屏幕是多么的先进……采用什么样的技术……它的词汇量……它的设计做工……售后服务……"差不多整整"演讲"了五分钟，在王小姐想说话的时候，导购小姐不容分说，把背好的产品知识又给她"演讲"了一遍，简直是唾沫横飞。

王小姐最后说："我不需要。"导购小姐惊讶地说："这么好的产品，您怎么不需要呢？"王小姐仍在拒绝，导购小姐不死心地说："您有小孩吧，给小孩子买个也是很不错的。"王小姐有些生气："我还没孩子呢。"导购小姐最后来了一句："那您给朋友的小孩买一个吧。"王小姐转身，头也不回地走了。

这样的销售提问方式会让有想法购买产品的顾客都产生反感。在这里，需要提醒各位营销人员：在没有足够了解顾客需求之前，先不要忙着推销自己的产品。

第09章
营销提问，不仅要会说更要会问

王先生购买的产品出现了问题，营销人员给他换货之后，王先生仍然不满意，要求公司赔偿他的损失。这时，假如营销人员这样说："等公司的决定下来，我会把补偿直接打到你的账户上。"王先生肯定会觉得这是在推卸责任。于是，这位营销人员说了软话："您先消消气，喝点水，我一定能够帮您处理好的，请您高抬贵手，好吗？"实际上，在这时候说点软话会起到相反的作用。

聪明的小张是这样处理的，他先问王先生："您以前在工作中也会出错吧？"王先生一愣："是的。"小张问："那您出错的时候，您的领导怎么对待您呢？"王先生回答说："领导会先批评我一顿，然后让我下次好好做。"小张问："我知道现在犯错的是我，您怎么做都不为过，但咱们能不能找个合情合理的方法来解决这个问题呢？"果然，此话一出，顾客再也不说什么了，只能同意。

在营销对话中，为什么你总是感觉被动？原因通常是你总是在说，而你的客户总是在问。有很多营销人员被培训要时刻迎合客户的需求，而不是引导客户的需求，以至于客户一个劲儿地问，导致营销人员疲于应付，狼狈不堪。营销人员们虽然累，但内心却非常开心。他们以为客户的问题都老实交代了，结果自然水到渠成。他们想得太简单了，客户一直提问实际上是在探你的底牌，而你不知道客户真正关心的是什么，主要的问题在哪里，只会被客户牵着鼻子走。而且，你一直在说，没

183

怎样提出一个好问题

有问，给客户的感觉是你在对他进行强迫式推销，一味地给他施加压力。客户之所以愿意和你谈话是期望你可以在你所擅长的专业方面给出建议。就像医生一样，对现状进行诊断，而诊断的最好方式就是有策略地提问。

那么，在现实生活中，营销人员该如何向客户有策略地提问呢？

1. 测试对方的回应

当你非常用心地向客户解释一番之后，你了解客户听进去了多少，听懂了多少，他的反应如何吗？一般的营销人员通常滔滔不绝一大堆之后，就用句号结尾，戛然而止，没有下文。

这个时候客户的表现通常是"好，我知道了，改天再聊吧"或"我考虑一下再说"等。如果你在论述完之后，紧接着提问"您觉得怎么样呢？"或"关于这一点，您考虑清楚了吗？"效果会好很多，客户至少不会冷冰冰地拒绝你。提问给了客户阐述他的想法的机会。

2. 掌控对话的进程

对话的进程决定了营销的走向。通常情况下，在以客户为中心的顾问式营销循环中包含着两个相辅相成的循环，分别是客户的心理决策循环与营销员的销售行为循环。在每个阶段，提问都推动着营销对话的进程。

开场阶段通常需要以好奇性提问开头，如"我可以请教您一个问题吗？"利用状况性提问收集客户信息，如"您是怎样进入这个行业的呢？""您的产品目前销售状况如何？"等。

在确认需求阶段，销售人员可利用诊断性提问建立信任，确定具体细节，如"您是需要大型的服务器还是小型的办公电脑设备？"可利用聚焦性提问确认，如"在某某方面，您最担心的是什么呢？"

在阐述观点阶段，提问的作用在于确认反馈和增强说服力。用于确认的提问如"您觉得怎么样呢？"增强说服力一般可利用三段式提问的方式，后有专门的论述。

在谈判成交的阶段，提问的作用在于处理异议和为成交做铺垫，处理异议的部分见下，成交阶段通常用假设性的提问方式试探，例如，"如果没有其他问题的话，您看什么时候可以接受我们的服务呢？"

3. 处理异议

为什么会产生异议？一方面源于人类本身具有的好奇心；另一方面由于你没有说清楚，客户没有完全听明白。从好奇心角度来说，假如你碰到一个喜欢"打破砂锅问到底"的客户，那你可要注意应付了。而如果我们不善用提问，只会一味地说，那便会一直处于被动的地位。当客户提出一个问题，你可以尝试反问他"您这个问题提得很好，为什么这样说呢？"这样你就可以"反守为攻"，处于主动地位。

当客户没有完全听明白的时候，他通常表现为沉默不语、迟疑不决、逃避或假装听明白了。这时候对方会以"不需要""考虑看看""把资料留下来，以后再说"为借口。你提问的作用关键是探询客户了解的程度。例如，"对于这一点，您的看法如何呢？"或"那没关系，您为什么这样说呢？"多问几个"为什么"，然后在最棘手理解的环节利用渗透性提问，如"还有呢"等，以获取更多信息。

掌握营销的六大提问方法

有需求才会有市场，客户是否存在需求是营销是否成功的关键。客户的购买需求既多种多样，又千变万化。当然，客户需求又是极富弹性的。所以，我们要想准确把握销售对象的购买需求，并非轻而易举，只能通过一些提问来获得。在营销过程中，通过有效的提问不仅可以与客户形成互动，而且还能够增强客户的兴趣。不过，有效的提问是需要一定方法的。下面我们就介绍营销的六大提问法，帮助你突破销售的"瓶颈"。

1. 请教式提问

在生活中，每个人都有虚荣心，他们都渴望被尊重。在中国，请教是社会关系中师生关系的体现，特别是一些有地位的人，他们内心深处都渴望被人尊重。当然，大部分的客户都希望充当"老师"的角色。

第09章
营销提问，不仅要会说更要会问

营销人员：你好，李经理，我是某某培训人力资源管理公司的小张，昨天在商界杂志上看到你的一篇关于人才培训培养的文章，我真是受益颇多，可以耽误你几分钟吗？我想请教你几个问题。

李经理：是吗？好的，没问题，你说。

营销人员：你在文章中提到，人才的培训必须以问题为突破口。我十分赞同你的观点，但是我有一个疑问。就社会目前的情况而言，仅仅依靠老师记住学员的问题和需求来培训，无论是对老师还是学员都是比较困难的。李经理，不知道你的看法如何？

李经理：是的，这也是我最大的困惑。我准备自己组建培训团队，来确保培训可以按照问题、办法、实践、检验的四步流程，让培训走向实效。

营销人员：你的想法很有建设性，我非常赞同。那么，李经理，你是否思考过，让你的学员在听课的时候，也能充当"老师"这一角色呢？

李经理：学员充当讲师？他们有这个水平吗？

营销人员：我们公司最近研究出一种新的培训模式，学员是"老师"，进行现场实战演练式的培训，然后学员提出自己的问题与需求，让讲师安排培训内容，这样可以大大提高学员们的接受效果。

李经理：是吗？

> 怎样提出一个好问题

营销人员：是的，我们已经与多家企业达成了长期合作的协议。我认为，我们的培训模式整合与你的培训思维不谋而合，你觉得呢？

李经理：是的，我也考虑这些方面，只是苦于没有时间和精力去实际操作这些。请把你们培训模式和合作方式传真一份给我，我先看看。

在案例中，营销人员充分利用人性的趋向性，在沟通开始阶段，采取请教式的提问，充分抬高对方的价值，让对方心甘情愿地回答他的问题。在这种和谐友好的气氛中，营销人员最终达到了自己的目的。

2. 限制式提问

限制式提问实际上就是把答案限制在一个很小的范围之内。不管客户回答哪一个，对提问者都是有利的。也就是说，在限制选择的提问中，必须要使所提出的问题明确而具体，效果才会更加显著。

"太好了，李总，那明天上午是九点钟还是十点钟，我去亲自拜访您好呢？"

"好的，李总，我是通过传真方式还是通过邮件方式，将详细的资料传给你呢？"

"好的，李总，你是今天有时间还是明天有时间，我们好派人到你们那儿亲自检查一下门窗安全问题？"

这种提问方式，通常是运用在沟通基本达到高潮期，需要客户作出某种选择和决定的时候，主动为客户做主，使其没有拒绝的机会。尽管，这种提问方式对营销人员是非常有利的，不过在运用方法上，营销人员必须确定在事情的发展上自己已经充分掌握主动权，且自己所问的问题一定是对方有能力作出明确的回答，否则，对方会感到压迫，导致谈话进入僵局。

3. 探求式提问法

探求式提问方法，通常遵循我们常说的"6W2H"的原则，用于向对方了解一些基本的事实与情况，即What（什么）、Why（为什么）、How（如何）、When（何时）、Who（谁）、Where（在哪里）、How much（多少、多久）。

"我可以请教您几个问题吗？"

"我可以向您咨询一些情况吗？"

"我可不可以这样理解您的意思……"

探求式提问仅仅能够帮助我们获取那些让客户愿意从正面回答的提问，在使用时我们一定要把握语言语气的运用，不要弄巧成拙，最好是和请教式提问的方法一起运用。当客户自然地回答"可以"，就代表着我们已经获得可以探求式提问的许可，而且这个权利是客户授予的。

4. 引导式提问

对营销人员而言，最痛苦的事情是客户不愿意将自己真正的问题和需求说出来，这时就需要用到引导式提问。所谓引

> 怎样提出
> 一个好问题

导式提问,就是学会借力打力,先通过陈述一个事实,然后再根据这个事实发问,让对方给出相应的信息。客户内心的想法就是一座宝藏,一旦被激发出来,我们就能顺理成章地开采成功,假如我们无法激发出客户内心深处的想法,就不容易把握客户最后的决定。

营销员:你好,张女士,我是某某物业管理公司,打扰您一下,不知您是否注意到最近的新闻以及小区告示?

张女士:注意到了,最近好多小区都发生了入室盗窃案,好吓人。你们社区管理部门一定要搞好治安,否则好麻烦。

营销员:是的,这方面我们一定要做好,不过也需要你们的配合。

张女士:我一个弱女子,如何配合呢?

营销员:很简单,小偷入室盗窃,主要通过撬锁入室内,你要检查一下你们家锁质量是否过硬,是否有报警的功能。

张女士:这个我不清楚,我也不知道质量到底怎么样。

营销员:这样吧,你确定个时间,我们帮你联系一家专业检测公司和报警器安装公司,到你们家去看看,怎么样?

张女士:可以,那太感谢你了,明天下午怎么样?

营销员:可以,那就明天下午3点钟吧。

这种引导式的询问方法要比直接询问对方领导的信息有效得多,因为里面阐述了一定的利害关系以及其他企业的举证的论据,这样对方一旦拒绝,就会考虑到意外的情况了。

5. 建议式提问

在营销过程中，营销人员可以时常采取一些主动性的建议式提问来了解客户真实信息，探求客户的真实反映，而且这种提问方式还有利于坚定客户的购买信心。不过在进行主动性建设式提问时，营销人员的语气最好不要过于僵硬，语气平和，让对方在字里行间感觉到你这样询问是为他们考虑或为他们着想，关心他们。

"你看，我们应该赶快确定下来，您认为呢？"

"是的，您在护肤品选择方面认识得十分准确，你是希望选择些保湿效果明显的，这样有利于滋养皮肤，我说对吧？"

"现在洗发水不仅要洗着舒服，而且还要有养发护发功能，是吧？"

"为了能够护发养发，就要合理地利用各种天然的洗发水，您认为是吗？"

采取主动性的建议式提问既能够感动对方，赢得对方的信任和认同，又可以巧妙地介绍或复述本产品的功能卖点，给对方留下深刻的印象。

6. 肯定式提问

营销人员和客户沟通中，采用肯定性的语气提出问题往往能有效地引导对方按照你的想法做出正面回答。比如，"您一定很愿意在人才管理方面获取更多的经验与方法，是吧？""您一定愿意接触更多的企业家，拓展自己的人脉，是吧？""您一

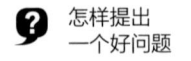

定认为健康与美丽一样重要,不是吗?""您一定认为在整个家庭中,您肩负责任最大,承担得最多,是吧?"

由表及里提问,问对客户所想

爱德华·豪丹尼特说:"提问题很简单,但拥有正确提问的思想才能解决问题。"假如你是一位营销人员,那你与客户之间的互动情况怎么样呢?你是否在营销过程中不断地回答客户的问题?回答问题使你有怎样的感受?你的回答使你轻松地赢得了客户吗?既然没有成功地赢得客户的满意,那为什么不从回答问题转变为问问题呢?所谓营销,不只是卖出东西,而是用产品或服务去满足客户的需求。但是,我们未必知道客户的需求是什么,假如我们一定要知道,那办法只有一个,那就是提问,只有这样,我们才会赢得客户。正如培根所说:"谁问得多,谁就学得多,那么他拥有的就更多。"

王女士在回家路上进入一家面包房买蛋糕,她想买巧克力蛋糕。不巧的是,那家店没有巧克力蛋糕了,但王女士又不愿意等。于是她来到了不远处的另外一家面包房,恰巧这家店也没有巧克力蛋糕了,不过这位聪明的营业员非常幸运地赢得了王女士这位顾客。

营业员问王女士:"这位太太,我想冒昧地问一句,您一定要买巧克力蛋糕有什么特殊的原因吗?"王女士回答说:"哦,我儿子喜欢吃巧克力蛋糕,今天是他的生日,我希望他能够开心。"营业员继续问:"是每年过生日都买巧克力蛋糕吗?"王女士回答说:"是的。"营业员笑着说:"哦,我理解您对孩子的那份爱心。但是,我的意思是为什么不尝试一下其他口味的呢?比如苹果蛋糕、草莓蛋糕,或者其他的?每天的生活总是在变化,我们吃的为什么不可以变化呢?您说是不是呢?"王女士一想也是,为什么一定要认准巧克力的呢?于是就说:"那就来个苹果蛋糕吧,我儿子也喜欢吃苹果的。"

就这样,这位营业员促成了这笔生意。

尤金·尤涅斯库曾说:"答案不能给人启示,给人启示的是问题。"营销人员在进行提问的时候必须思考两个问题:第一,我提问的目的是什么,即我为什么要提出这个问题,想得到什么样的结果,因为我们不能漫无目的地对客户进行提问,浪费双方的时间;第二,我采用什么样的方式进行提问,也就是如何表达问题,不同的表达方式,得到的结果可能也是不同的。成功的营销人员往往都会充分意识到这两点,将提问做到恰到好处,让结果得到满意答复。

客户:"你们的灯漂亮是漂亮,正所谓好看不一定中用,漂亮的灯具质量不一定好。"

营销人员:"您的说法有道理。人不可貌相,灯具自然也是一样。确实我们被很多中看不中用的东西害得有点担心了，您现在有这样的忧虑是正常的，您是担心买到的产品质量不能使您满意，是吗？但是，请您放心，质量是产品的生命，也体现出我们的责任。您觉得我们会做'一锤子买卖'吗？您也知道，这年头，市场竞争非常激烈，我们要想生存必须重视产品和服务质量，否则根本没有立足之地。我们的企业之所以能够生存下来，而且有所发展，重视质量就是我们最大的法宝。假如我们欺骗客户，您认为我们还能继续发展吗？您现在还有什么不放心的呢？"

客户："你这样说，我就放心了。不知道你们的服务怎么样？"

营销人员："您是担心自己有服务需求时得不到及时的服务是吗？这您就放一百二十个心吧，您听说过我们的顾客有抱怨过我们的售后服务吗？我们是非常重视顾客的售后服务的。"

客户："那好，成交吧。"

在营销过程中，我们要强调自己的特色。当然，首先我们需要明白我们店的特色是什么？我们产品的特色是什么？我们自己的特色是什么？当然，我们可以通过提问来征询客户的意见，比如，"我们不是规模最大的，不过我们是脚踏实地工作的人；我们不是价格最便宜的，不过我们是非常重视质量的人；我们不想说自己的服务是最好的，不过我们是尽自己最大努力用心做事的人，您觉得呢？"

第09章
营销提问，不仅要会说更要会问

那么，在日常生活中，我们如何做到由表及里地提问呢？

1. 提问前调整好自己

在见客户之前，调整好自己的情绪，使自己处于自信和激情状态，然后进行一系列积极的自我对话："我愿意""我可以""事情本来就是这样""这是一种挑战""我自信我能把握住""我能够"……与此同时，你要提升自己的沟通能力，尤其是提问能力。当然，你还需要熟悉产品，没有专业性你自然会心虚，若你还一味使用技巧的话会使技巧蜕变为伎俩，无法赢得客户的信任。

2. 了解客户的情况

我们了解到客户的情况之后就会显示出专业性，有利于提供建议。我们还要会发现赞美点，适时适当地给予赞美，增进与顾客的亲切感，并对自己的产品进行针对性宣传。客户通常都有正常人的心理需求，只要我们问对了问题，就能适时满足客户心理。

3. 对客户疑虑，适时提问

客户会有诚信度、款式、价格、服务以及后续问题及服务响应方面的疑虑。这时我们可以通过提问来解答，比如，"您对我们店的产品有怎样的感觉？""您以前购买过灯具吗？""有怎样的感受和想法？""在装修方面，您最关心的是什么？""为什么特别重视这一点？""以您目前的了解，我们的服务有哪些方面让您觉得还可以？""您能具体地说一下您的想法吗？""除了关心这个，还有其他方面吗？"

4. 影响客户的感觉

在提问过程中，我们可以重复对方的感觉：您是说……是吗？您的意思是……我可以这么理解吗？或者说出顾客曾经的感觉及其变化：确实我们也有老顾客提出这样的看法，感到……确实有一些顾客一开始有这样的感觉……或者提供改变顾客感觉的正确处理信息：它的价值取决于几个因素：口感是否好？质量是否优质？安全性是否可靠？售后服务是否有保障？

第10章
课堂提问，有效促进学生思维的启发

俗话说："学起于思，思起于疑，疑解于问。"教学是一门艺术，而老师提问是组织课堂教学的中心环节。精彩的提问是诱发学生思维的发动机，能够开启学生的大门，提高课堂教学效率以及师生情感的交流，从而达到优化课堂教学的效果。

> 怎样提出
> 一个好问题

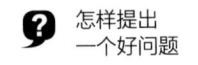

掌握课堂提问的八大方法

有效的课堂提问是老师提高教学效率的关键所在，它主要是通过师生在课堂上的提问与回答之间的互动促使学生获得普遍进步，实现个人的充分发展。对于老师而言，有效的提问可以驾驭参差不齐、瞬息万变的学情，可以激发学生的思维，调动学生学习、探究的兴趣。老师有效的提问一方面可以让学生有所悟、有所获，另一方面又能使学生感受到一种身心的愉悦和享受，从而使课堂教学事半功倍。

这是四年级下册《天鹅的故事》第五节的教学片段：

老师：老天鹅用的是自己的——

学生：身体。

老师：它用的是自己的胸脯和翅膀，这都是血肉——

学生：之躯。

老师：文中有一句"像石头似的"，这是一个——

学生：比喻句。

老师：把老天鹅的身体比作了——

学生：石头。

老师：石头有生命吗？

第10章 课堂提问，有效促进学生思维的启发

学生：没有。

老师：知道疼痛吗？

学生：不知道。

老师：那老天鹅呢？

学生：知道疼痛。

老师：把有生命知道疼痛的老天鹅比作了一块——

学生：石头。

老师：比作了一块没有生命、不知——

学生：疼痛的石头。

老师：它这样做是以什么为代价？

学生：生命。

老师：可是当时它顾及了吗？

学生：没有。

老师：叫疼了吗？

学生：没有。

老师：顾及自己的生命没有？

学生：没有。

老师：老天鹅这种行为可真让人——

学生：感动。

老师：可真——

学生：……

老师：可真勇敢，连自己的生命都不顾，奋不——

199

学生：顾身。

老师：义无——

学生：反顾。

从表面上看，师生之间的问题可以说对接得非常好，最大限度地节约了时间，而且达到了一呼百应、配合默契的效果。但是，提问和解答之间没有时间差，说明问题没有难度；众口一词，这说明老师在设计问题的时候，完全摒弃了学生之间的差异性。换言之，老师这样的提问方式只会培养一群"应声筒"。

1. 提问突破法

是否抓住关键问题进行提问决定了老师课堂教学是否成功。在课堂提问环节，老师要抓住一个关键问题打开一个缺口，让知识倾泻而出，以提升学生的思想，这就要求老师要真正地了解书本，以找到关键问题的所在，用一句形象的话来说叫"牵一发而动全身"。比如，在讲解《祝福》这一课的时候，老师想要抓住关键问题可以这样问"假如我们把祥林嫂的悲惨遭遇画成十幅图，你能否给十幅图各起一个标题？"这样的设计还是比较合理的，一下就可以将祥林嫂的一生整理了，并为后面分析作一个充分的准备。

2. 循序渐进提问

老师在进行提问的时候，学生对有些问题的理解不能一步到位，就像登山一样，要步步为营，拾级而上，才能站立于山顶领略无限风光。比如在《灯》一课时，可以这样提问：联系了有关灯的哪些事？突出了灯的哪些特点？灯象征了什么？一步步提问，逐步推进设计提问，这样才能达到一种很好的提问效果。

3. 较难问题暂时搁浅

这种提问方式对于解决难以回答的问题特别有效果。明知道问题学生难以回答，为了实现学生对课堂内容的深层理解，老师可以将这些问题暂且搁浅，不要求学生马上回答，而是让学生思考后再回答，就好像猜灯谜，暂时不揭开谜底，让学生反复琢磨，给学生充分思索的时间。这样一旦公布答案后，学生印象会非常深刻，而且很长时间不会忘记这个问题。

4. 引导性提问

对于有的问题，老师提出后学生回答不上来，最后造成僵局。这时老师可以改变角度，提出与之有关的其他问题，诱发引导、点拨提示。例如《纪念刘和珍君》这一课，原文"至于这一回在弹雨中互相救助，虽殒身不恤的事实，则更足为中国女子的勇毅，虽遭阴谋诡计，压抑至数千年，而终于没有消亡的明证了。"这时老师可以问"这句是复句还是单句？"假如学生一时回答不出来，老师则可以提出一个相关的启发性问题："为"与哪个词搭配？这样问题就迎刃而解了。

5. 将问题化整为零

老师在课堂教学过程中的问题如果含盖过广就会不易于学生回答，这时老师就应该将问题化整为零，提出一个小小的问题，然后引领学生逐个破解问题。例如《纪念刘和珍君》第七部分第二段中心意思不容易理解，那老师可以这样设计问题：本段有几个句子？每一句表达了什么内容？其中关键句是什么？然后再问全段中心思想是什么？这种方法在那些尤其复杂的问题中可以发挥很好的作用。

6. 多方面提问

老师提一个问题要求学生多角度回答，发散其思维，以拓宽学生思路。假如让学生以《流水》为题写一篇议论文，为了启发学生的思路，老师可以这样设计问题：可以从哪些角度来立题？流水具体对我们有哪些启示？这样发散的问题不会禁锢学生的思维，而且学生的思维能够拓展开。

7. 连珠炮式提问

连珠炮式提问迫使学生在老师提出问题后马上回答，而且问题一个接一个，步步紧逼。例如《边城》的第二段，对于翠翠胡思乱想，老师可以这样设计一连串问题：为什么她会有这样的想法？学生回答后，老师再追问：假如你是翠翠，你是否产生过这种想法？你不这样想，会怎么想呢？这种提问方式可以形成课堂学习的高潮，营造浓厚的学习氛围。

8. 深层次提问

如果老师所提的问题过于简单，学生根本提不起兴趣。这时候，老师可以提出较为深层次的问题，引导学生思维拓展，就好像一块石头投入平静的水中，激起层层波浪。在教学过程中，有的文章看起来比较平实，实际上主题是独具匠心，采用深层次提问就能显示出主题的独到之处。比如，针对《娘子关前》这篇文章老师可以这样设计提问：诸多材料组成一个有机的整体，选材与组材上有哪些诀窍？

有效的课堂提问，激发孩子求知欲望

爱因斯坦说："提出一个问题往往比解决一个问题更为重要。因为解决问题，也许是技能而已，而提出新的问题，新的可能性，从新的角度去看旧的东西，却需要创造的想象力，而且标志着科学的真正进步。"提问，对于老师课堂教学而言，亦如此。老师在教学过程中，经常会有这样的疑惑：一样的问题，这样问，学生只会发呆；那样问，学生似乎马上就明白了。有的问题抛出去，一石激起千层浪；有的问题丢出去，却是一潭死水。出现这种情况的症结在于老师是否善于提问，老师是否科学地设计出灵巧、新颖、容易激发学生思考的问题，这也是老师教学是否成功的一个关键。

精巧而有吸引力的提问不但能够激发学生的学习兴趣，促进思维、培养能力，而且也是提高课堂教学效果最直接最有效的手段之一。如何根据教材、教法的不同和学生的实际情况精心设计问题，做好课堂提问，是需要每一位老师长期探讨的课题。

❓ 怎样提出一个好问题

这是小学三年级下册课文《雪儿》教学时的一个片段：

老师：大家读完第2个小节后，说说这是一只什么样的鸟？（第1问）

学生：这是一只受伤的鸟。

老师：你从哪里看出它受伤了呢？（第2问）

学生：我从"翅膀受了伤"这句话可以看出它受伤了。

老师：对。你还从哪里可以看出来呢？（第3问，重复第2问）

学生：我还从"它的身子很脏，眼睛里充满哀伤"这句话看出它是只受伤的鸟。

老师：作者看到这样一只受伤的鸟，表露了怎样的心情？（第4问）

学生：他很难过。

学生：他很心痛。

老师：是的。到小作者手里，它变成了一只什么样的鸟？（第5问）

学生：变得雪白雪白的了。

老师：作者是如何做的呢？（第6问）

学生：他和爸爸给它洗了澡，敷了药，取名为"雪儿"。

老师：这样做的目的是为什么呢？（第7问）

学生：让雪儿在家里安心养伤。

老师："从此，我每天和雪儿一起到阳台上去看蓝天。"

小作者和雪儿一起去看蓝天的时候,在想些什么呢?(第8问)他会想些什么,小鸟又会想一些什么呢?(第9问,对第8问进行澄清)

在这个案例中,在短短150个字的段落,这位老师提问了9次,其中重复提问1次,澄清问题1次。从表面分析,这是老师与学生不停地对话。不过,只要我们认真观察,我们就能发现这之中大部分的问题都是能够从课文中直接找到答案、不需要思维加工的问题。这是一种高频率、低水平的提问方式。随着老师的提问,学生只能被动地亦步亦趋地前进。而且,这样一对一的问答形式只能让少数的学生受益,大部分的学生仍处于发呆的状态。

我们都知道,孩童时期的提问式对话能激发孩子无穷的求知欲,使孩子从心底爱上学习。做到有效的课堂提问,需要老师掌握以下六点技巧。

1. 提出针对性的问题

老师抓住了重点提问,也就抓住了方向。重点问题解决了,教学的任务也就基本完成了。比如,老师在引导学生学习朱自清的《背影》这篇文章的时候,就可以设计这样的问题:朱自清笔下对父亲的背影描写有几次?作者有几次相应的流泪?这样学生很容易从文中找出相应的句子,概括文本内容之后能够看出父与子之间内敛而深厚的感情,从而抓住文章写作的特点。

2. 提出启发性问题

学生对每篇课文的学习，并非从一开始就感兴趣，所以老师提问要针对学生的心理特点，采用不同的方式调动他们思想的积极性。在课堂上，老师可以设计一些学生感兴趣的问题，使他们思维活跃，思路开阔，可以根据自己的知识向问题辐射而去。这样的提问有助于调动学生的思维积极性，培养学生的理解力和想象力，促使他们自然地了解到文章的内容与主题，收到良好的教学效果。

3. 提出连续性的问题

一节课教学重点的突破常常不是一两个问题就可以解决的，而是需要老师在课堂上连续发问，层层递进。这样一来，前一个问题就是后一个问题的前提，后一个问题就是前一个问题的继续，每一个问题都是训练学生思维发展的一级阶梯。在这个时候，老师应该减少无效、无谓、无用的提问，节约出一定量的课堂教学时间。

4. 注意提问的停顿

老师提出问题之后要注意停顿。通常情况下，课堂提问是由少数学生发言回答，假如提出问题后马上指定学生回答，甚至先叫人再提问，那学生思考就不带有普遍性。这种提问方式只能使回答问题的学生认真思考，却不能顾及全体学生。

5. 提出灵活性的问题

课堂提问只是一味地直来直去，学生就会感到索然无味，而且在一定程度上妨碍了他们思维的发展。假如老师将问题转换成灵活的方式提出，就会促使学生开动脑筋。灵活的提问，可以变换提问的角度，让思路"拐一个弯"。从问题的侧面或反面，寻找思维的切入口。

6. 提问要善于融合知识

课堂提问的目的是使学生在掌握知识的同时训练和提高学生的思维能力，所以老师应善于从不同的角度来启发学生，让学生掌握解决同一问题的多种方法，这样一方面可以拓宽思维的空间，另一方面又可以培养发散型思维能力。

注意提问艺术，营造课堂氛围

在实际课堂提问过程中，许多老师并未真正掌握提问的技巧，他们的问题要么过于简单，只是一些"是不是""好不好"之类的问题，表面上营造了热烈的课堂气氛，实际上却只是流于表面，华而不实，压抑了学生思维的积极性；要么超出了学生的知识范围，问题太过困难，抑制了学生思考的热情和信心；有的老师不善于了解学生的思维过程而适当引导，学生思维水平不容易提高。由于未能真正掌握课堂提问艺术，所以老师教学效果不显著。实际上，课堂提问是一项设疑、激趣、引思的综合性艺术，老师要重视课堂提问的艺术

怎样提出一个好问题

性，把握提问的"度"、时机和对象，充分发挥课堂提问的效能。

老师："这充满自信、豁达开朗的笑声，一直伴随我回到住地。"谁来谈谈对这句话的理解？（第一个提问）

学生：笑声怎么可能随着我回到住地呢？我认为这笑声其实就是指老人的性格。

老师：什么性格？（第二个提问）

学生：充满自信、豁达开朗的性格。

老师："自信"应该能够理解吧，"豁达开朗"是什么意思？联系整篇课文想一想。

学生："豁达"应该是大度吧？

老师：对！联系老人的经历说一说。（第三个提问）

学生：老人在那么危险的石阶上扫路，工作量那么大，那么累，已经退休了，可他一点都不在乎，不去计较。

学生："豁达开朗"就是乐观。这么险，这么苦，他都不抱怨，默默地奉献着，而且说自己呼吸的是清爽的空气，还有花鸟做伴，自己舍不得走。没有乐观的精神，谁会这么做呢？

老师：精彩呀！正因为老人有这种豁达开朗的心胸，他才会在这武夷山的第一险峰上风里来，雨里去，日复一日，年复一年地辛勤劳作。正是这种平凡而又伟大的品质深深地打动了作者的心，也让我们接受了一次难忘的心灵洗礼。我想，大家肯定也有很多想法，把自己的想法写下来好吗？（第

四个提问）

（学生写感受。）

老师：咱们来交流一下。

学生：俗话说："干一行，爱一行。"读了《扫山路的老人》这篇课文，我才真正理解了这句话的意思。

学生：读了《扫山路的老人》我懂得了：人不能太计较自己的得失，不要老是抱怨什么，而要脚踏实地，一步一个脚印地好好工作。

学生：既来之，则安之！

学生：自信快乐生活，踏踏实实做人。

学生：乐观一些，生活永远都会对你微笑！

在这个案例中，第一个问题"谁来谈谈对这句话的理解？"是效果一般的提问，可以让学生主动质疑，培养学生的问题意识；第二个问题"什么性格？"是在关键处跟踪提问，有利于突破难点；第三个提问"对！联系老人的经历说一说。"是有效提问，抓住关键词提问，起到"一石激起千层浪"的作用；第四个问题"我想，大家肯定也有很多想法，把自己的想法写下来好吗？"是由拓展处设计提问，面向全体预设开放性的问题。

另外，在提问之前，老师们还应该思考、准备以下设计：

1.精心设计问题

课堂提出的问题需要老师进行精心设计，问题设计要巧妙

> 怎样提出
> 一个好问题

合理。构思巧妙的问题可以激发学生的思维，启发学生去探索、去发现，从而获得知识。所以，老师在设计问题时要言简意赅，十分恰当，而且要有一定的思考价值。问题的设计要有明确的目的，老师应进行充分的备课，做到适时适度，灵活多样地设计问题。

2. 情境提问

苏联教育家达尼洛夫设计了"老师提出问题——学生积极独立活动——老师把学生引入下一个问题"的教学模式。创设情境提问就是老师假定问题或事件背景引导学生产生疑问，渴望从事活动、自主探究问题答案的提问方式。大量教育实践证明，这是激发学生学习积极性的有效方法和手段。为了让学生能顺利地回答问题，老师要提供学生必要的知识背景，给学生创造一定的作答条件：或知识铺垫，或启发学生根据已知的信息去开拓；或进行示范讲解，这样的提问方式给师生发挥创造性提供了广阔天地。

3. 注意提问时的仪态举止

在提问的时候，老师要尽量站在学生的旁边和中间，而不是站在他们的对面，要让学生自然地把老师当作交流的对象。同时，在提问时老师要注意自己的表情、语气和手势，注意倾听，保护学生的自尊心。对于学生的回答，老师要适时适度地评价，要以鼓励为主。同时，老师的提问要尽可能地避免让学生摸不着头脑，可超前性追问或再次递进提问，让学生感到

"柳暗花明又一村"，营造宽松和谐的课堂气氛，让每个学生有话想说，有话能说，有话尽情说。

4. 提问以鼓励为主

从心理学角度分析，假如一个人总是处于一种兴奋的、愉快的状态，他的思维就会非常活跃，他接受外界信号的速度就会十分快速。老师在课堂上必须营造出一种宽松和谐的气氛，让学生每时每刻都处于一种轻松自如的情绪中，这样一来，学生的记忆与思维能力都能得到最大限度的发挥。当学生对某些问题感到疑惑的时候，老师应适时点拨、解惑；当学生对某个问题考虑成熟，却无法表达的时候，老师需要帮助学生梳理思路，运用恰当的语言表达出来。

5. 积极评价学生的回答

老师在课堂教学中，提问要突出重点，尽可能将问题集中在那些牵一发而动全身的关键点上，以突出重点，攻克难关，提高课堂效率。老师要适当选取一些多思维指向、多思维途径、多思维结果的问题来引导学生纵横联想所学知识，寻找多种解题途径，从而深入地理解知识，准确地掌握和灵活地运用知识。所以，在课堂上老师要审时度势，及时、积极地评价学生的回答，明确观点，从而优化学生原有的知识结构。

> 怎样提出
> 一个好问题

避开课堂提问的禁区

众所周知，课堂提问是启发式教学的重要方法之一，它可以启发学生的思维，激发他们的求知欲，促使他们参与学习，帮助他们理解和应用知识，所以被广大老师所提倡和运用。但是由于诸多方面的原因，现在依然有一些老师在实际教学过程中陷入提问的误区，以至于无法实现教学预期效果。比如，有的老师对已经回答过的问题重复提问，或者过多地提问，甚至一直追问，直到得到自己想要的答案为止，等等。当学生回答之后，有的老师错误使用非语言信号、使用不恰当语言、用语言强化学生的误答等，这些都是老师比较容易陷入的误区。

授课刚开始，老师问："读了这篇课题，你有什么问题？（或你想知道什么？）"

学生就会按套路质疑，诸如"是什么""为什么""结果怎么样"之类。

初读课文之后，老师问："文中哪些词你不理解？"

学生一一说出，老师便带着大家查词典、联系上下文逐个词解决。

再读课文后，老师问："课文是按什么顺序写的？""可以分成几段？每段都写了什么？"等学生议论纷纷之后，老师再作出评判。

第10章 课堂提问，有效促进学生思维的启发

对于低年级课后的识字，老师会问："这里有个新部首，你认识吗？""这个字是什么结构？""这个字怎么写？看看它在田字格中的位置，书写的时候要注意什么？""你能给它找个朋友（词组）吗？"

在案例中，老师陷入了"机械发问"的误区。每当老师习惯性地提出上面类似的问题，学生便会呈现出精神涣散的状态。显而易见，学生对这些程式化的提问感到厌倦、乏味，对老师的指导并不接受，程式化导致了第一教学的低效率。

综上，在提问的时候，老师们还应该避开以下八点问题：

1. 对已经回答过的问题重复提问

老师在课堂提问中，假如出于某种合理的原因，比如为了强调，那可以对已经讨论过的内容进行再次提问，否则重复提问是不必要的。比如，"他们应该为这次登山做些什么物资准备呢？""他们应该带哪种食品呢？"许多老师有这样一种误解，总以为课堂教学是一项有目的、有组织、有计划的活动，只要将预设好的问题依次解决，学生就可以掌握知识，形成能力，从而实现教学目标。

2. 紧紧追问，直到得到心目中的答案为止

老师在进行提问设计的时候，心中往往会有一个标准答案，而且教学活动往往是围绕那些标准答案而开展的。所以，为了按照自己预先设计好的模式进行教学，有的老师在提出问题后喜欢对学生进行追问，直到标准答案出现为止。比如，

> 怎样提出
> 一个好问题

"还有哪些与他们行为相类似？""还有呢？""对，还有吗？""那么，那些登月的俄国人可以称为什么？""非常正确"。很多时候，学生的一些回答是比较有趣的，但老师却对其闻而不问，一直等到学生说出标准答案才能宣布这个问题的结束。这会使课堂教学失去本来的生命活力。

3. 问题过于浅层次

许多老师设计的问题仅仅停留在知识、理解、应用和分析的水平上，而很少涉及综合和评价性的问题。比如，"为什么他们会在大风雪中失踪呢？""他们有没有足够的资金？""他们登上山顶了吗？"这些问题根本不利于学生思维能力的发展。

4. 错误使用非语言信号

在现实课堂教学提问中，有些老师错误地使用了一些非言语交流对学生形成一种暗示。例如，面部表情：用皱眉头来暗示"回答得不好"；姿势：使手指作响来暗示"讲快点"，用头部转动来暗示"这样简单的问题还胡乱回答，看你能答些什么"；非言语语调：用叹气来暗示"我从未期望你能作出正确回答"，用吸气来暗示"你的回答毫无意义"。一旦老师皱眉，学生便会认为自己回答得不好，于是索性不回答了。

5. 提问过多

许多老师认为没有提问或提问很少就是在灌输，从而把课堂教学过程中是否提问以及提问多少作为评价教学水平高低的重要标准。有的老师平均一节课要提问30多个问题，而且有些问题其实并不是真正意义上的问题，因为这些问题根本不需要思考就能回答。问题数量太多，容易使教学课堂成为老师提问表演的舞台。

6. 转向提问

在课堂教学实践中，有些老师喜欢故作神秘，把一个已被学生正确回答了的问题再向他人提问。比如，老师："A，他们有没有足够的资金？"A（迅速地）："没有！"老师："B，……"B：（……停顿……）"嗯……（心想：我确信A是正确的……）……（再想）……"老师："C，他们有没有足够的资金？"C：（想：B平时一般都能答对问题……他都不知道……难道……）（耸了耸肩）。老师："D，……"D：（很聪明，早就看穿了这一点，等被叫到时，故意拉长声音）"没——有——"类似这样的转向提问，简直是浪费课堂宝贵时间。

7. 对学生进行反问

老师不仅应该注重学生回答能力的培养，还应该培养学生的提问能力。"最精湛的教学艺术，遵循的最高准则就是让学生自己提出问题。"所以，当学生向老师提出问题时，老师不应对其进行反问。例如，学生："他们手无寸铁，连一部卫星电话都没有吧？明知无力与大自然抵抗，为什么还要逞匹夫之勇呢？我想，他们在出发之前难道就没想过自己会遇难吗？"教师："你说呢？"学生："我不知道。"这样的方式会挫伤

> 怎样提出
> 一个好问题

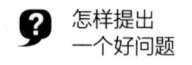

学生提问的热情。

8. 使用不恰当语言

有的老师在课堂提问中却常常使用一些不恰当语言，特别是模棱两可、含糊不清和讽刺的语言。例如，模棱两可、含混不清的语言可以是"哦，我觉得这个答案或许更合适吧。"讽刺的语言则可以是"好，看来他对登山运动了解不少，而事实是这样的吗？"

对第一种模糊的语言，不管是在老师提问，还是在老师对学生的回答作出评价时，都不能使用，因为这种语言不仅不能准确、科学地传递信息、表情达意，而且还会造成误解、曲解，使学生茫然不知所云，感到困惑不解，最终还是不知道哪个答案更合适；第二种语言讽刺学生学习上的某种失误，这应是老师最为忌讳的。当学生在答问中出现失误时，老师应该做的是尊重学生，帮助学生克服失误，找到正确答案。

以提问启发学生的思维

一堂课的优劣成败与老师能否巧妙设问激活学生思维，诱导学生一步步质疑——析疑——释疑有着密切的关系。在老师课堂教学中，提问是一种技巧，更是一门艺术。只有巧妙设问才能激活学生的思维，调动学生学习、探究的兴趣，让他们在课堂上争先恐后地表现。宋代著名教育家朱熹说:"读书无疑者,须教有疑;有疑者,却要无疑,到这里方是长进。"学生在平时的学习过程中,读书往往是一读而过,不留痕迹,主要是因为他们读书不会生疑,所以他们不能正确地理解文章的真谛,自然体会不到文章的妙处。老师在教学过程中,需要通过提问来提高学生的思辨能力和语言表达能力。是否提出高质量的问题,并达到预期效果,是评价一名老师教学水平高低的标准之一。

老师:在我们眼中,天游峰又高又险,扫起来太难了,太累了。老人觉得累吗?从哪看出?(第一次提问)

学生:"不累,不累,我每天早晨扫上山,傍晚扫下山,扫一程,歇一程,再把好山好水看一程。"

老师:自己读一读这句话,思考你体会到了什么?(第二次提问)

学生:老人扫石阶其实非常辛苦。课文开头说天游峰是武夷山的第一险峰,共有九百多级石梯,像一根银丝从空中抛下来。可见要扫这么陡这么险的山是多么不容易啊!

学生:天游峰一上一下一千八百多级,常常使游客们气喘吁吁,大汗淋漓,甚至望而却步,半途而返。可是老人每天都要一级一级扫上去,再一级一级扫下来。他扫的时候还弯着腰,十分辛苦。

学生:他虽然很累很累,却说"不累,不累",而且说得

> 怎样提出一个好问题

轻轻松松，自在悠闲，从这儿可以看出他很乐观，很开朗。

学生：老人扫一程，歇一程，再把好山好水看一程，可见他非常爱天游峰，爱这儿的山山水水，不愿意离开这里。

学生：我想到我们的教室和包干区就那么一点地方，有的值日生就抱怨连连，老人要扫一千八百多级石阶，还没喊一声累。他真不简单，我敬佩他！

老师：同学们都开动了脑筋，讲得非常好。看第十自然段，说说老人为什么会说得轻松自在？（第三次提问）

学生：扫了20年，习惯了。

学生：我读完课文想，老人觉得不累，是因为他喜欢他的工作，喜欢天游峰。

老师：是啊，老人把自己喜欢的感情融入其中，不觉得累。（板书：喜欢），带着喜欢的感情读。

老师：这个问题揭示了一个小秘密——老人对天游峰的爱，对扫路工作的热爱。

……

老师：（动情陈述）老人热爱山里的生活，他愿与大山为伴，"我"被老人的话深深地感动着，于是紧紧握住他的手，说出了一句话，如果是你，你会怎样来说这句话呢？（第四次提问）

学生：（因紧张而略微有些生硬）30年后，我再来看您！

老师：（走到学生面前，亲切地说）相信自己，你一定能行,再试一试!

学生:(这次很有感情)30年后,我再来看您!

老师:说得真不错!谁愿意和老师一起试着说给大家听一听!

老师:(轻步来到一位学生面前,像老朋友似的紧紧握住他的手,忘情地说)30年后,我再来看您!

学生:(激动得小脸绯红,脱口而出)30年后,我照样请您喝茶!

老师:(朗声大笑)哈哈哈哈!

在案例中,老师提出第一个问题"老人觉得累吗?从哪看出?"老师在关键内容处提问,围绕重点、难点来提问,引发学生深入地解读文本,把握文本的深层意蕴;第二个问题"你体会到了什么?"是在问题精简的情况下,让提问更明确;第三个问题"说说老人为什么会说得轻松自在?"是一个无效的提问,不能引起学生的深入思考;第四个提问"如果是你,你会怎样来说这句话呢?"在蕴含文句处提问,利于学生更深层地理解人物的个性特点。

老师要做到有效提问应遵循以下四点:

1. 把握好问题的"度"

老师提出的问题应难易适中,适合大多数学生。老师要做到这一点,首先应该熟悉教材,研究学生情况,把握教材的重点、难点,根据学生的知识水平和心理特点,找准诱发他们思

? 怎样提出一个好问题

维的兴趣来精心设问、发问。提问要避免过分简单，若一味地问"好不好""是不是""对不对"等无效的问题，那就无法拓展学生的思维，时间长了，学生会感到索然无味。

当然，问题过于宽泛，难度太大也不行。假如一个问题使得学生摸不着头脑，让学生回答不上来，还给学生带来巨大的压力，学生的思维会被抑制，兴趣会降低，最后使课堂气氛也陷入难堪的境地。

2. 提问要兼顾不同类型的学生

老师在提问的时候，假如一味地只顾优生而忽视差生，就很容易挫伤部分学生的积极性。时间长了，班级学生的成绩就会产生两极化现象。所以，老师应根据学生实际情况设计不同层次的问题，由简单到复杂，由容易到困难，针对不同类型的学生采用不同的提问方式，转换问题的角度，让学生能够充分展现自我。

3. 提问要把握"量"

在教学过程中，老师应该避免满堂问。老师在提问时，要问得适时，问得有趣，问得有价值，真正体现学生的主体地位和老师的点拨作用。老师要善于抓住机会，设置矛盾，当学生顺利解开这些矛盾的时候，也就意味着老师对思维的训练、对课文重点、难点的理解顺利完成。一节好的课堂教学，仅靠一两个提问是不够的，提得过多也不行，老师应根据教材特点和学生的实际水平设计出一系列有计划、有步骤的既科学又系统的提问。

4. 亲切提问

老师居高临下的提问会让学生产生一种距离感，甚至害怕自己的答案是否会令老师满意，是否会遭到同学的讥笑。所以，在课堂提问中，老师要注意自己的语言措辞及语气语态，保持一种亲和力，拉近与学生心灵之间的距离，这样才能与学生进行平等的思想交流。不管学生回答得满不满意，老师都应该尽量避免言语的刺伤、态度的轻慢，应充满激情，充满期待，鼓励学生回答问题。

参考文献

[1]郑月玲.问得好：善于提问才能把工作做好[M].北京：人民邮电出版社，2007.

[2]布朗，基利.学会提问（原书第12版）[M].许蔚翰，吴礼敬，译.北京：机械工业出版社，2021.

[3]韩根太.学会提问：一本抓住问题本质的沟通力指南[M].王瑞，徐自强，译.成都：四川文艺出版社，2020.

[4]谷原诚.提问的技术与艺术[M].北京：中国青年出版社，2021.